Kadri Rais Ahmad

Aloé Vera para a conservação de peixes

Kadri Rais Ahmad

Aloé Vera para a conservação de peixes

ScienciaScripts

Imprint

Any brand names and product names mentioned in this book are subject to trademark, brand or patent protection and are trademarks or registered trademarks of their respective holders. The use of brand names, product names, common names, trade names, product descriptions etc. even without a particular marking in this work is in no way to be construed to mean that such names may be regarded as unrestricted in respect of trademark and brand protection legislation and could thus be used by anyone.

Cover image: www.ingimage.com

This book is a translation from the original published under ISBN 978-3-659-81946-9.

Publisher:
Sciencia Scripts
is a trademark of
Dodo Books Indian Ocean Ltd. and OmniScriptum S.R.L publishing group

120 High Road, East Finchley, London, N2 9ED, United Kingdom
Str. Armeneasca 28/1, office 1, Chisinau MD-2012, Republic of Moldova, Europe
Printed at: see last page
ISBN: 978-620-7-88808-5

ÍNDICE DE CONTEÚDOS:

LISTA DE ABREVIATURAS

ABBREVIATIONS		**FULL NAME**
AOAC	:	Association of Analytical Chemists
$^\circ$C	:	Degree Celsius
C.D.	:	Critical Difference
Cfu	:	Colony Forming Units
CMFRI	:	Central Marine Fisheries Research Institute
MPEDA	:	Marine Products Export Development Authority
C.V.	:	Coefficient of Variance
Cm	:	Centimeter
Dx	:	Days Mean
et al.	:	et all (and others)
Fig.	:	Figure
FFA	:	Free Fatty Acids
G	:	gram
&	:	And
H_2SO_4	:	Sulphuric Acid
HCl	:	Hydrochloric Acid
m. equ.	:	Milli equivalent
PV	:	Peroxide Value
W/W	:	Weight by Weight
W/V	:	Weight by Volume
S.D.	:	Standard Deviation
S.Em	:	Standard Error of Mean
i. e	:	That is
TMA-N	:	Trimethylamine Nitrogen
TMAO	:	Trimethylamine Oxide
TPC	:	Total Plate Count
TBA	:	Thiobarbiturine Acid

TVN or TVB-N	:	Total Volatile Base Nitrogen
Tx	:	Treatment Mean
Viz.	:	Videlicet (namely)
%	:	Per cent
/	:	Per
STPP	:	Sodium Tripolyphosphate
NaL	:	Sodium Lactate
NaA	:	Sodium Acetate
NaC	:	Sodium Citrate
<	:	Less than
>	:	Greater than
NS	:	Non significant
Nos.	:	Numbers
sec	:	Second
DSP	:	Sodium Diphosphate
MSP	:	Sodium Monophosphate
WUA	:	Water Uptake Ability
min	:	Minute
APC	:	Aerobic Plate Count
Pvt.	:	Private
Ltd.	:	Limited
LLDP	:	Linear Low Density Polyethylene
CRD	:	Completely Randomized Design

CAPÍTULO 1
INTRODUÇÃO

O peixe é um produto alimentar extremamente perecível (Agbon **et al.**, 2002). Logo após a morte, o peixe começa a estragar-se. No peixe vivo saudável, todas as reacções bioquímicas complexas estão equilibradas e a carne do peixe é estéril. Contudo, após a morte, começam a ocorrer alterações irreversíveis que resultam na deterioração do peixe. O efeito resultante é a decomposição do peixe (Akinola **et al.**, 2006). Vários factores são responsáveis pela deterioração do peixe. A qualidade da captura é importante para determinar a taxa de deterioração. Entre estes factores destacam-se o estado de saúde do peixe, a presença de parasitas, hematomas e feridas na pele e o modo como o peixe foi capturado. A qualidade do peixe capturado depende do manuseamento e da preservação que o peixe recebeu das mãos dos pescadores após a captura. O manuseamento e a prática de preservação após a captura afectam o grau de deterioração do peixe (Akinneye **et al.**, 2007).

A qualidade do peixe acabado de pescar e a sua utilidade para posterior utilização na transformação é afetada pelo método de captura do peixe. Um método de pesca inadequado não só causa danos mecânicos ao peixe, mas também cria stress e condições que aceleram a deterioração do peixe após a sua morte. O peixe é altamente suscetível à deterioração sem quaisquer medidas de conservação ou processamento (Okonta e Ekelemu, 2005). Emokpae (1979) relatou que, imediatamente após a morte do peixe, uma série de deteriorações fisiológicas e microbianas se instalam e, assim, degradam o peixe.

O peixe é uma das principais fontes de proteínas e a sua colheita, manuseamento, transformação e distribuição proporcionam meios de subsistência a milhões de pessoas, bem como a obtenção de divisas para muitos países (Al-Jufaili e Opara, 2006). A transformação adequada do peixe permite a utilização máxima da matéria-prima e a produção de produtos de valor acrescentado, o que é obviamente a base da rentabilidade da transformação.

Em ambientes tropicais, a deterioração processa-se muito rapidamente. Uma vez que é irreversível, não pode ser completamente interrompida após a morte. Contudo, existem técnicas para retardar a decomposição ou a deterioração do peixe, de modo a que este chegue ao consumidor em condições razoavelmente aceitáveis.

A deterioração do peixe é provocada, principalmente, pelas enzimas presentes no peixe vivo. As enzimas começam a decompor os tecidos do peixe. Antes da morte, as enzimas estavam envolvidas na digestão dos alimentos ingeridos e todas as reacções enzimáticas são controladas.
No peixe morto, o sistema de controlo falha e as enzimas começam a atuar no sistema alimentar e na carne do peixe, resultando assim em alterações destrutivas suaves. Este processo é referido como deterioração autolítica (FAO, 1985).

As bactérias estão presentes no intestino, nas guelras e nas superfícies da pele dos peixes vivos. O mecanismo de defesa do peixe vivo é capaz de combater a ação destas bactérias. No entanto, logo após a morte, este mecanismo de defesa também falha. Consequentemente, as bactérias invadem o intestino, as guelras e a pele e causam a decomposição do interior e das superfícies expostas do peixe.

As espécies marinhas de peixe são muito susceptíveis de se deteriorarem rapidamente à temperatura ambiente. A conservação em gelo é uma das formas mais eficazes de retardar a deterioração. A taxa de deterioração do peixe durante o armazenamento em gelo varia consoante a espécie e depende das concentrações de substratos e metabolitos nos tecidos, da contaminação microbiana e das condições de armazenamento após a captura (Pacheco **et al.**, 2000). O prazo de validade reflecte a suscetibilidade do peixe à deterioração. A qualidade do peixe pode ser estimada através de testes sensoriais, métodos microbianos ou métodos químicos, como a medição de compostos voláteis, a oxidação lipídica, a determinação dos produtos de degradação da ATP e a formação de aminas biogénicas (Raatikainen **et al.**, 2005; Ozogul **et al.**, 2006).

Durante o armazenamento refrigerado do peixe, foi detectada uma deterioração significativa da qualidade sensorial e do valor nutricional em resultado de alterações dos constituintes químicos (Whittle **et al.** 1990).

Tenualosa ilisha (Hamilton, 1822) da subfamília Alosinae, família Clupeidae, ordem Clupeiformes, é um dos peixes tropicais mais importantes da região do Indo-Pacífico e ocupou uma posição de topo entre os peixes comestíveis devido ao seu sabor, aroma e propriedades culinárias. Popularmente conhecida como hilsa, é um peixe eurihalino de natação rápida, conhecido pela sua distribuição cosmopolita em estuários de água salobra e ambientes marinhos na região faunística do Indo-Pacífico e nos ambientes ribeirinhos para onde migra para se reproduzir. A maior parte das capturas de hilsa, cerca de 95%, provém do Bangladesh, da Índia e de Myanmar. Naturalmente, a hilsa é muito procurada a nível mundial, nomeadamente no mundo oriental, e goza de grande preferência por parte dos consumidores. A sua elevada procura comercial faz dela uma boa fonte de divisas.

Cinco variedades de **Tenualosa sp** (**T. toil** da Malásia, **T. macrura** da Indonésia, **T. thibaudeaui** do Mekong, **T. reevesii** do Sul da China e **T. ilisha** da Índia, Bangladesh e Myanmar) encontram-se na região tropical asiática (Blaber **et al.** 1997), das quais **T. ilisha** e, em certa medida, **T. toil** e **T. kelee** são predominantes nas águas indianas.

O método preferido de conservação da hilsa a curto prazo é a cobertura e a longo prazo é a salga ou a fermentação em sal. Algumas hilsas são congeladas. Algumas são fumadas, mas, embora disponíveis anteriormente, não se encontram atualmente no mercado (Nowsad, 2007). O elevado teor de lípidos torna a hilsa muito suscetível à rancidez oxidativa, juntamente com a rápida decomposição autolítica e bacteriológica (Nowsad, 2010). Por conseguinte, é necessário um manuseamento adequado e a congelação imediata do peixe. A hilsa fresca de qualidade superior é prateada e brilhante, com um limo aquoso transparente e um odor agradável. É frequente encontrar-se no mercado uma coloração avermelhada na superfície abdominal de cada lado do peixe. Os peixes recém-capturados não apresentam esta coloração.

A pesca da hilsa desempenha um papel fundamental em termos de criação de emprego e de rendimentos para as pessoas envolvidas, bem como de obtenção de divisas para o país. Estimativas recentes sugerem que, só no Bangladesh, cerca de 500 000 pescadores capturam hilsa; podem existir outros 2-2,5 milhões de pessoas indiretamente envolvidas na distribuição, venda e outras actividades auxiliares, como o fabrico de redes e barcos, a produção de gelo, a transformação e a exportação.

A biopreservação é um novo método de conservação de alimentos definido para prolongar o prazo de validade e aumentar a segurança dos alimentos através da utilização de microbiota natural ou controlada e/ou de compostos antimicrobianos (Ananou **et al.**, 2007). Na tecnologia pós-colheita, a biopreservação tem como objetivo prolongar o tempo de armazenamento/vida útil de frutas e legumes, utilizando produtos à base de plantas que têm sido utilizados na engenharia alimentar desde há muito tempo. Recentemente, estes produtos à base de plantas começaram a ser utilizados em frutos e legumes frescos como bio-preservantes. O gel **de Aloé vera** é um dos bio-conservantes promissores que tem um grande potencial para se tornar uma utilização comum na maioria dos frutos e legumes frescos.

O **Aloé vera** tem sido utilizado como remédio herbal para a regeneração e o rejuvenescimento da pele humana desde a antiguidade na China, no Japão e na Índia (Boudreau e Beland, 2006). Atualmente, o gel **de Aloé vera** derivado das suas folhas é normalmente utilizado em estudos médicos e produtos cosméticos. Embora seja utilizado principalmente para estudos médicos (Shamim **et al.**, 2004; Rosca-Casian **et al.**, 2007), o gel foi testado em alguns frutos frescos por um grupo de investigação pós-colheita de Espanha desde 2005 (Valverde **et al.**, 2005). Este grupo de investigação registou que os extractos **de Aloé vera** suprimiram/retardaram **as perdas de qualidade** pós-colheita **em uvas 'Crimson Seedless' e cerejas 'Star King' (Valverde et al.**, 2005; Serrano **et al.**, 2006; Martmez-Romeroa **et al.**, 2006; Castillo **et al.**, 2010). Além disso, foi relatado que os extractos de **Aloé vera são úteis para** mangas **'Kensington Pride'** (Dang **et al., 2008) e nectarinas 'Artic Snow' (Ahmed et al.**, 2009) para reter perdas de qualidade após a colheita.

A. vera tem sido utilizada durante muitos séculos pelas suas propriedades curativas e terapêuticas e, embora tenham sido identificados mais de 75 ingredientes activos do gel interno, os efeitos terapêuticos não foram bem correlacionados com cada componente individual (Habeeb **et al.**, 2007). Muitos dos efeitos medicinais dos extractos de folhas de aloé foram atribuídos aos polissacáridos encontrados no tecido parenquimatoso da folha interna (Ni e Tizard 2004; Ni **et al.**, 2004), mas acredita-se que estas actividades biológicas devem ser atribuídas a uma ação sinérgica dos compostos nela contidos e não a uma única substância química (Dagne **et al.**, 2000).

O **A. vera** é a espécie de aloé mais comercializada e o processamento da polpa das folhas tornou-se uma grande indústria mundial. Na indústria alimentar, tem sido utilizada como fonte de alimentos funcionais e como ingrediente noutros produtos alimentares, para a produção de bebidas e bebidas saudáveis contendo gel. Na indústria cosmética e de higiene pessoal, tem sido utilizada como material de base para a produção de cremes, loções, sabonetes, champôs, produtos de limpeza facial e outros produtos.

Na indústria farmacêutica, tem sido utilizado para o fabrico de produtos tópicos, tais como pomadas e preparações em gel, bem como na produção de comprimidos e cápsulas (Eshun e He 2004; He **et al.**, 2005). As propriedades farmacêuticas importantes que foram recentemente descobertas tanto para o gel de **A. vera** como para o extrato de folha inteira incluem a capacidade de melhorar a biodisponibilidade de vitaminas co-administradas em seres humanos (Vinson **et al.**, 2005). Devido aos seus efeitos de aumento da absorção, o gel de **A. vera** pode ser empregue para fornecer eficazmente fármacos pouco absorvíveis através da via oral de administração de fármacos. Além disso, o pó seco obtido a partir do gel de **A. vera** foi utilizado com êxito para fabricar comprimidos do tipo matriz diretamente compressíveis. Estes comprimidos de tipo matriz libertaram lentamente um composto modelo durante um período de tempo prolongado, mostrando assim potencial para ser utilizado como excipiente em formas de dosagem de libertação modificada (Jani **et al.**,

2007).

O **Aloé Vera** é uma planta que contém muitos compostos de componentes pitónicos, tais como vitaminas, nutrientes e compostos anti-nutrientes (Maenthalsong e Niruntrapon, 2007). Atualmente, a parte mais utilizada do **Aloé Vera (L.)** é o gel, enquanto que a parte da sua casca ainda não é utilizada da melhor forma. Miladi e Damak (2008) referiram que a pele do **Aloé Vera** tem atividade antioxidante, enquanto Lakshmi e Rajalakshmi (2011) também sugeriram que a sua atividade antioxidante se deve a compostos voláteis, nomeadamente o ácido tetradecanóico, o éster metílico hexadecanóico, o ácido n-hexadecanóico e o esqualeno.

Por outro lado, a casca de **Aloe vera (L.)** também contém compostos de aloína e saponina. Bozzi **et al.** (2006) observaram que os compostos de aloína são encontrados na maior parte da pele do que o gel de **Aloe vera**. Singh **et al.** (2010) também observaram que a aloína no **Aloé vera** é um componente amargo que é aplicado na pele como primeiros socorros para queimaduras, laxante, preparação anti-obesidade e formulações farmacêuticas. Aduhsan (2008) referiu que a aloína também pode atuar como composto antioxidante, mas pode ter efeitos negativos para a saúde em quantidades excessivas. As saponinas são os compostos naturais complicados e têm uma molécula grande constituída por aglicosteróide ou triterpenóide com uma ou mais cadeias de açúcar/glicosídeos. Supardjo (2010) observou que as saponinas podem provocar efeitos tóxicos e nutricionais nos alimentos. Gulia **et al.** (2009) relataram que a extração a $50\text{-}80^0$ C pode abranger compostos antioxidantes e também pode diminuir a nutrição das formigas, como a aloína e a saponina, de 10,6 para 1,7 ppm. Azman **et al.** (2010) também relataram que a quantidade de antioxidantes aumentou a $45\text{-}100^0$ C e diminuiu a 120^0 C. Os objectivos do presente estudo foram descobrir o efeito do tratamento por imersão do extrato de gel de **A. vera** do peixe (**Tenualosa ilisha**) no prolongamento do prazo de validade durante o armazenamento em gelo por um período curto.

UTILIDADES PRÁTICAS

A T. ilisha é um peixe comercialmente importante, que é geralmente comercializado sob a forma de peixe inteiro refrigerado. O prolongamento do prazo de validade do **T. ilisha** durante a armazenagem refrigerada é um parâmetro importante não só para o seu valor de mercado, mas também para a sua transformação noutros produtos de valor acrescentado num mercado distante. O prolongamento do prazo de conservação do peixe refrigerado com uma dose eficaz de tratamento com **Aloé vera**, um conservante natural, durante a armazenagem refrigerada será útil para o transformador e para o consumidor para obter produtos de qualidade.

OBJECTIVOS

1) Estudar o efeito do tratamento com extrato de **Aloé vera** na qualidade do peixe durante a armazenagem refrigerada
2) Comparar o tempo de conservação do peixe armazenado refrigerado com e sem tratamento com **Aloé vera**
3) Analisar as alterações bioquímicas que ocorrem no tecido de **T. ilisha** durante o armazenamento refrigerado.

CAPÍTULO 2

REVISÃO DA LITERATURA

2.1   PADRÃO DE DETERIORAÇÃO DO PEIXE FRESCO

Embora a carne de peixes saudáveis recém-pescados seja estéril, a pele, as guelras e, em peixes que se alimentaram recentemente, os intestinos podem conter cargas bacterianas consideráveis. O peixe e os crustáceos são mais susceptíveis à deterioração devido ao facto de possuírem uma quantidade suficiente de aminoácidos livres, um baixo teor de tecido conjuntivo e uma humidade elevada (Bramstedt, 1961).

O peixe deteriora-se devido aos efeitos combinados da reação química, da atividade contínua de enzimas endógenas e do crescimento bacteriano. Entre os três, o último é aparentemente o fator mais importante na produção da alteração mais marcante e indesejável no sabor, odor e aparência do peixe (Reay e Shewan, 1949). A taxa de deterioração autolítica e microbiana está diretamente relacionada com a temperatura ambiente (Davis, 1995). Depois de terem sido retirados da água, grande parte das suas reservas de hidratos de carbono pode já ter sido convertida em ácido lático durante a luta prolongada de captura. Em consequência da acumulação de ácido lático, o pH diminui. Os valores do pH final post-mortem podem variar entre cerca de 6,0 e mais de 7,1, dependendo de factores sazonais e outros. Há também variações entre espécies e o pH pode descer para menos de 6,0 nalgumas, incluindo o alabote, o atum e a cavala (Buttkus e Tomlinson, 1966). Com a diminuição do pH, as proteínas musculares aproximam-se do seu ponto isoelétrico e inicia-se a desnaturação.

Após a morte, a atividade catabólica continua e as reservas de energia restantes diminuem. Concomitantemente, o nível de trifosfato de adenosina (ATP) diminui e, a um nível que varia com a temperatura, as enzimas que mantêm os músculos num estado relaxado deixam de poder funcionar. Em poucas horas, dependendo da espécie, do estado e da temperatura, os músculos começam a contrair-se e o peixe endurece em rigor mortis. Quando o rigor mortis termina, a atividade contínua das enzimas endógenas degrada a maior parte dos nucleótidos de adenosina em monofosfato de inosina (IMP), que se encontra na sua concentração máxima ou já ultrapassada (Kassemsarn **et al.**, 1963; Dingle e Hines, 1971). À medida que a sequência de degradação prossegue, são produzidas inosina e depois hipoxantina (Hx). A acumulação de IMP é particularmente importante devido aos efeitos sinérgicos que se sabe terem com muitas substâncias aromatizantes (Kuninaka **et al.**, 1964);

Yamaguchi, 1987), bem como uma influência inibitória sobre as substâncias amargas (Woskow, 1969). Os sabores iniciais doces, a carne e os sabores característicos das espécies de peixe fresco reflectem a combinação de IMP e aminoácidos livres presentes na carne, bem como alguns açúcares e fosfatos de açúcar (Jones, 1969). A diminuição da intensidade do sabor é, em grande medida, uma consequência da perda de glucose, de fosfatos de hexose e de ME (Jones, 1961). A primeira fase da deterioração é dominada por reacções catabólicas endógenas. Embora o Hx tenha um sabor amargo, as reacções autolíticas estão mais associadas à perda dos sabores característicos do peixe fresco; é uma fase que pode ser considerada mais como uma perda de frescura. O músculo estéril exercitado assepticamente permanece pouco alterado depois de ter atingido uma fase insípida e sem sabor (Herbert **et al.**, 1971), quando a maior parte da degradação não microbiana dos hidratos de carbono e dos nucleótidos teria ocorrido. Após esta fase, a maior parte dos odores, sabores e outros sinais de

8

deterioração surgem como resultado da atividade da flora microbiana das superfícies exteriores e dos intestinos. As taxas de reacções químicas e autolíticas aumentam com a temperatura e as bactérias que dominam a deterioração do peixe estão próximas das suas taxas de crescimento óptimas à temperatura ambiente normal para a atividade humana. Verificou-se que o peixe se estraga duas vezes mais depressa a 5^0 C e 4 vezes mais depressa a 10 C.^{0}

2.2   ESTUDOS DE ARMAZENAMENTO DE GELO EM PEIXES

A temperatura de armazenamento é o parâmetro ambiental mais importante que influencia a taxa de crescimento e o tipo de microrganismos de deterioração de alimentos altamente perecíveis, como os produtos de peixe. O método mais fácil, mais barato e razoavelmente eficiente para baixar a temperatura do peixe é a aplicação de gelo. O gelo é um meio de arrefecimento eficaz e ideal. A redução da temperatura do peixe retarda, em grande medida, a deterioração bacteriana e enzimática (Huntsman, 1931). Huntsman sugeriu que se obteria uma melhor qualidade se o peixe fosse rapidamente pré-arrefecido a uma temperatura imediatamente acima do seu ponto de congelação, como por imersão em água do mar refrigerada em circulação.

A refrigeração não pode evitar completamente a deterioração, mas, em geral, quanto mais frio for o peixe, maior será a redução da atividade bacteriana e enzimática (Clucas e Ward, 1996). As bactérias responsáveis pela deterioração do peixe são psicrófilas, pelo que, mesmo que o peixe seja refrigerado a 0^0 C, nas melhores condições de manuseamento, a atividade bacteriana pode resultar em perdas severas de qualidade, aproximando-se da intragabilidade após 14 - 16 dias (Paine e Paine, 1992). O tempo de armazenamento aceitável de cada espécie é afetado por muitos factores, incluindo o método de captura, a localização do local de pesca, a estação do ano, o tamanho do peixe, etc. (Lima dos Santos, 1981).

O armazenamento em gelo é um método de conservação de relativamente curto prazo, com tempos de armazenamento que variam entre alguns dias e quatro semanas. Lima dos Santos (1981) e Howgate (1985) fizeram uma revisão da literatura sobre estudos de conservação de peixes em gelo e tentaram tirar conclusões sobre o tempo de conservação dos peixes em diferentes categorias gerais. Estas revisões confirmaram a existência de grandes variações no tempo de conservação entre espécies e mesmo dentro da mesma espécie em diferentes condições. Disney et al. (1971) sugeriram que muitos peixes tropicais têm um período de conservação mais longo quando armazenados em gelo, em comparação com os peixes de águas temperadas.

2.3   CONSERVANTES QUÍMICOS

A qualidade e a segurança dos alimentos refrigerados têm sido melhoradas através da prevenção do crescimento ou destruição de bactérias aeróbias de deterioração e de agentes patogénicos de origem alimentar durante o armazenamento e manuseamento, utilizando aditivos alimentares e bio-conservantes (Gilliland e Evell, 1983; Lindgren e Dobrogosz, 1989; Kim e Hearnsberger, 1994). Embora existam atualmente muitos sistemas de conservação de alimentos, continua a haver necessidade de novos sistemas para o peixe fresco. Muitas das misturas de conservantes disponíveis comercialmente para carnes e mesmo para camarões não funcionam tão eficazmente com peixe fresco. Muito trabalho tem sido feito para determinar o efeito dos conservantes alimentares no crescimento de diferentes microrganismos (Sofos e Busta, 1981; Liewan e Marth,

1985). Amplas gamas de concentração de sais de ácidos orgânicos, tais como acetato de sódio (0,5 - 10,0% w/w), sorbato de potássio (0,1 - 10,0%) e citrato de sódio (8,0 - 10,0%) têm sido utilizados, isoladamente ou em combinação, para prolongar a vida útil de carne fresca e mariscos (Ward et al., 1982; Ho et al., 1986; Mendonça et al., 1989; AI-Dagal e Bazarra, 1999).

2.3.1 Acetato de sódio

O acetato de sódio é um agente aromatizante e de controlo do pH aprovado (USFDA). Brewer et al. (1992) referiram que a mortadela de carne de bovino tratada com 3% de acetato de sódio antes de ser embalada a vácuo e armazenada a 4^0 C durante 10 semanas apresentava populações significativamente mais baixas de microrganismos aeróbios do que a amostra não tratada. Kim e Hearnsberger (1994) referiram que a combinação de acetato de sódio e sorbato de potássio com cultura de ácido lático poderia proporcionar a inibição necessária para um armazenamento prolongado, no que diz respeito ao crescimento de bactérias aeróbias gram-negativas em filetes de peixe-gato refrigerados. Mendonça **et al.** (1989) relataram que o tratamento de superfície com 10% de sorbato de potássio, 10% de fosfato com ou sem 10% de acetato de sódio e 5% de NaCl, prolongou a vida útil microbiana de costeletas de porco refrigeradas embaladas a vácuo para mais de 10 semanas. Verificou-se que o acetato de sódio (1%) e a combinação de acetato de sódio e fosfato monopotássico aumentaram o prazo de validade microbiológico dos filetes de peixe-gato (Kim **et al.**, 1995a). Kim **et al.** (1995b) investigaram a utilização de acetato de sódio e bifidobactérias para aumentar o tempo de conservação dos filetes de peixe-gato. Zhuang **et al.** (1996) observaram que o acetato de sódio a 2% não tinha efeito significativo no crescimento de micróbios no camarão, mas era eficaz no controlo do crescimento da flora natural nos filetes de peixe-gato.

2.3.2 Sorbato de potássio

Foi efectuado um grande número de estudos para determinar a eficácia do sorbato de potássio no prolongamento do prazo de validade do peixe fresco (Pedrosa-Menabrito e Regenstein, 1990; Thakur e Patel, 1994; Ashie **et al.**, 1996). Retarda as alterações químicas devidas ao crescimento bacteriano, evita os maus odores resultantes da oxidação que ocorre no peixe durante a armazenagem e inibe a formação de trimetil amina e de outros compostos responsáveis pela deterioração do peixe. Debevere e Voets (1972) relataram que a adição de sorbato de potássio inibiu a formação de TVB e TMA e diminuiu o número de deteriorantes em filetes de bacalhau pré-embalados. Bremner e Statham (1983) conseguiram suprimir a deterioração e prolongar significativamente o prazo de validade através da adição de sorbato de potássio a vieiras embaladas no vácuo. Sharp **et al.** (1986) estudaram o efeito do sorbato de potássio no prolongamento do prazo de validade de filetes de peixe branco fresco do lago embalados em atmosfera modificada.

Miller e Brown (1983) relataram que a imersão numa combinação de 1% de sorbato de potássio e 5 ppm de clorotetraciclina, seguida de embalagem a vácuo e armazenamento a 2^0 C foi a melhor forma de manter as propriedades frescas e o prazo de validade dos filetes de peixe-pedra até 14 dias. AI-Dagal e Bazarra (1999) relataram a extensão do prazo de validade microbiológico de camarão inteiro em 3 dias após o tratamento com sorbato de potássio e bifidobactérias. Lalitha **et al.** (2003) observaram que uma imersão de 15 minutos numa solução aquosa gelada de sorbato de potássio a 0,5% e de ácido cítrico a 0,2% era muito eficaz na redução da contagem total de organismos viáveis (TVC), de estreptococos fecais e de **E. coli** de camarões de água doce cultivados para níveis aceitáveis. As sardinhas de trincheira mergulhadas em sorbato de potássio (2%) antes da embalagem em vácuo tiveram um prazo de validade de 50 dias a 4^0 C, mas as não tratadas foram rejeitadas após 26 dias (Chinivasagam e Vidanapathirana, 1985).

Regenstein (1982) aplicou sorbato de potássio como parte do gelo e verificou que a pescada vermelha e o salmão foram armazenados satisfatoriamente até 28 e 24 dias, respetivamente. Fey e Regenstein (1982) referiram que uma combinação de 1% de sorbato de potássio, gelo e uma atmosfera modificada de 60% de CO2, 20% de O2 e 20% de N2 a $1,0^0$ C prolongava o período de conservação de, pelo menos, 28 dias para a pescada vermelha fresca e o salmão embalados em sacos impermeáveis aos gases, em comparação com o período de conservação destes produtos embalados sem sorbato de potássio. Chung e Lee (1981) verificaram que a aplicação de 1% de sorbato de potássio prolongava a fase de retardamento, mas não alterava a flora de deterioração do homogenato de solha armazenado aerobicamente. O prazo de validade refrigerado das trutas frescas tratadas com 2,3% de sorbato de potássio foi efetivamente duplicado (de 10 para 20 dias) quando conservadas em embalagens semi-permeáveis (sacos laminados de polietileno de alta/baixa densidade) na presença de uma atmosfera enriquecida com CO2, em comparação com as trutas embaladas sem sorbato de potássio (Barnett **et al.**, 1987). Tomlinson **et al.** (1965) referiram que a conservação do bacalhau acabado de pescar em água do mar refrigerada a meio gás, contendo 0,2% de sorbato, resultava em filetes de bacalhau com um período de conservação significativamente mais longo do que o do bacalhau conservado em água do mar refrigerada sem adição de sorbato.

Doell (1962) referiu que o sorbato inibia a **Salmonella typhinurium** e a **Escherichia coli**. Verificou-se que o sorbato inibe o crescimento de **Salmonella, Clostridium botulinum** e **Staphylococcus aureus** em salsichas cozinhadas e não curadas (Tompkin **et al.**, 1974), **S. aureus** em bacon (Pierson **et al.**, 1979), **Pseudomonas putrefaciens** e **P. flourescens** em caldo de soja tripticase (Robach, 1979), **Vibrio parahaemolyticus** em carne de caranguejo e homogenatos de caranguejo (Robach e Hickey, 1978), e **Salmonella, S. aureus** e **E. coli** em aves de capoeira (Robach, 1980). Smith e Palumbo (1980) referiram que o sorbato de potássio inibia mais o crescimento anaeróbio de **S. aureus do** que o crescimento em condições aeróbias num sistema modelo de carne em ágar e era mais inibidor quando se adicionava ácido lático. Shaw **et al.** (1983) referiram que a adição de sorbato de potássio ao peixe fresco inibia o crescimento de organismos prejudiciais, tais como **Pseudomonas fluorescens, Pseudomonas tragi** e o produtor de trimetilamina **Alteromonas putrefaciens**.

Foi demonstrado que o sorbato evita que os esporos de **C. botulinum** germinem e formem toxina em emulsões e salsichas de aves de capoeira (Huhtanen e Fienberg, 1980), bem como em emulsões e bacon de carne de vaca, porco e proteína de soja (Sofos **et al.**, 1979). Roberts **et al.** (1982) verificaram que o sorbato de potássio a 0,26% (p/v) diminuía significativamente a produção de toxina **C. botulinum** num modelo de sistema de carne curada. O efeito do sorbato foi maior com 3,5% de cloreto de sódio, um pH inferior a 6,0 e baixas temperaturas de armazenamento. Ivey **et al.** (1978) relataram um prolongamento da toxicogénese de **C. botulinum** em bacon tratado com sorbato de potássio. Mergulhar filetes de peixe numa solução de sorbato de potássio a 5%/10% de tripolifosfato e armazená-los numa atmosfera elevada de CO2 atrasou o crescimento e a produção de toxinas por **C. botulinum, em** comparação com a utilização apenas de uma atmosfera elevada de CO2 (Seward, 1982). Blocher e Busta (1983) observaram que o sorbato de potássio suficiente para dar concentrações de ácido sórbico não dissociado de 250 mg/L em meios de cultura a pH 5,5 a 7,0 retardava o crescimento de estirpes proteolíticas de esporos e células vegetativas de **C. botulinum.**

O ácido sórbico e os seus sais têm sido amplamente estudados para a sua utilização como antimicrobianos em aves de capoeira (Park e Marth, 1972; Robach e Ivey, 1978; Robach e Sofos, 1982; Elliott **et al.,** 1985; Morrison e Fleet, 1985). Mendonça **et al.** (1989) registaram efeitos prejudiciais na cor de costeletas de porco frescas, embaladas no vácuo, que tinham sido mergulhadas numa solução de sorbato de potássio a 10%. Myers **et al.** (1983) referiram que as soluções de sorbato de potássio a 5% ou 10%, utilizadas como spray ou imersão para assados de porco embalados no vácuo e armazenados a 5^0 C durante 21 dias, resultaram numa redução de 97-99% das bactérias psicrotróficas em comparação com controlos não tratados que não foram pulverizados ou mergulhados. Greer (1982) indicou que a imersão de carne de vaca fresca numa solução de sorbato de potássio a 10% inibia o crescimento de bactérias psicrotrópicas e prolongava o prazo de validade a retalho em 2 dias.

2.4   CONSERVANTES NATURAIS UTILIZADOS

Para prolongar o período de conservação do peixe a baixa temperatura, Zambuchini **et al.** (2008) utilizaram conservantes químicos como a clorotetraciclina, cloreto de sódio, ácido elágico, ácidos L-ascórbico e dióxido de cloro (ClO2).

Conservantes naturais como o fumo líquido da casca de coco, extractos de algas marinhas de **Gracillaria** sp, **Parinarium glaberimum** HASSK, pó de caju e galanga vermelha, pó de tomilho, extrato de plantas e polifenóis de chá também foram utilizados por vários trabalhadores (Moniharapon **et al.**, 1993; Agustini **et al.**, 2003; Agustini **et al.**, 2007; Swastawati **et al.**, 2008; Fan **et al.**, 2008).

As plantas e os frutos exibem uma vasta gama de actividades biológicas, incluindo actividades antibacterianas (Goun **et al.**, 2003; Matu e Staden, 2003; Das **et al.**, 2011), anti-inflamatórias (Matu e Staden, 2003), antifúngicas (Goun **et al.**, 2003; Rodriguez **et al.**, 2005; Das **et al.**, 2011) e antioxidantes (Choi e Hwang, 2005; Patthamakanokporn **et al.**, 2008; Andarwulan **et al.**, 2010).

Attouchi e Sadok (2009) avaliaram o efeito da aspersão de tomilho em pó nas características de qualidade de filetes de dourada selvagem e de viveiro, frescos e armazenados em gelo, durante o armazenamento em gelo. As alterações bioquímicas pareceram mais pronunciadas nos filetes de peixe de viveiro, com níveis significativamente mais elevados de Bases Voláteis Totais (TVB-N), Tri-Metil Amina (TMA-N) e Tri-ButilAmina (TBA); e uma Capacidade de Retenção de Líquidos (LHC) mais baixa. A adição de tomilho em pó (1% w/w) mostrou um efeito conservante em lotes de peixe selvagem e de viveiro, uma vez que foram observados níveis significativamente mais baixos de TVB-N, TMA-N, aminoácidos livres, TBA e LHC em filetes tratados com tomilho durante a armazenagem em gelo. Contudo, o efeito inibidor do tomilho foi mais acentuado nos peixes selvagens do que nos peixes de viveiro. Como revelado pela regressão dos mínimos quadrados parciais, a LHC em ambos os grupos foi influenciada positivamente pelo tempo de armazenamento e pelos factores de acumulação de trimetilamina, enquanto foi influenciada negativamente pelo tratamento com tomilho e pela origem do peixe. Por conseguinte, sugeriu-se que a LHC está relacionada com o crescimento de bactérias de deterioração. A utilização de tomilho seco prolongou o prazo de validade dos filetes de peixe em cerca de 5 dias e parece ser altamente valiosa para a indústria do peixe como conservante natural.

Basile **et al.** (2010) estudaram que o fruto da **Feijoa sellowiana** Berg., amplamente utilizado para consumo humano, é bem apreciado pelas suas boas características nutricionais e pelo seu sabor e aroma agradáveis. Um estudo anterior mostrou que o extrato acetónico do fruto de **F. sellowiana** exerce uma potente atividade antibacteriana contra algumas estirpes de bactérias Gram-positivas e Gram-negativas.

Raju **et al.** (2003) examinaram a eficácia da nisina em três concentrações diferentes, 12,5, 25 e 50 ppm, na qualidade de conservação de salsichas de peixe em invólucro sintético a temperaturas ambiente (28 ± 2^0 C) e refrigeradas (6 ± 2^0 C). A força do gel, o teor de água expressável, o azoto base volátil total, a contagem total de placas e a contagem de esporos aeróbios foram afectados pelas temperaturas de armazenamento e pelas concentrações de nisina utilizadas. As salsichas de peixe tratadas com 50 ppm de nisina foram aceitáveis após armazenamento à temperatura ambiente durante 20-22 dias, em comparação com o controlo, que foi aceitável apenas durante 2 dias. A qualidade de conservação das salsichas, à temperatura refrigerada, variou de 30 dias no controlo a 150 dias nas amostras tratadas com 50 ppm de nisina. A nisina residual diminuiu lentamente nas amostras armazenadas à temperatura de refrigeração, enquanto que, nas salsichas de peixe armazenadas à temperatura ambiente, a diminuição foi rápida. A nisina a 50 ppm mostrou um **efeito** significativo **(P < 0,05) na** força **do gel** e **na** aceitabilidade geral, tanto à temperatura ambiente como refrigerada.

Paramasivam **et al.** (2007) examinaram quatro estirpes de bactérias produtoras de histamina (HPB), nomeadamente **Vibrio parahaemolyticus, Bacillus cereus, Pseudomonas aeruginosa** e **Proteus mirabilis, que** foram testadas contra concentrações de 1 a 10% de NaCl e concentrações de 1 a 5% de conservantes naturais (curcuma, gengibre e alho) num meio basal. HPB mostrou diferentes taxas de crescimento em diferentes concentrações de NaCl e conservantes naturais. **V. parahaemolyticus, B. cereus** e **Ps. aeruginosa** não apresentaram crescimento a uma concentração de 10%. Quando o crescimento da HPB foi testado com extractos de alho, curcuma e gengibre, o crescimento de todas as bactérias foi inibido pelos extractos de alho e curcuma a uma concentração de 5%. No gengibre, **V. parahaemolyticus, B. cereus** e **P. mirabilis** foram totalmente inibidos a uma concentração de 5%. Mas **a P. aeriginosa** apresentou um crescimento muito reduzido a esta concentração.

Extractos metanólicos brutos de frutos locais tailandeses, incluindo **Ardisia polycephala** Wall. (pirangasa), **Elaeocarpus hygrophilus** Kurz. (makoknum), **Limonia acidissima** Linn. (maquid ou maçã de elefante), **Phyllanthus emblica** Linn. (makampom ou groselha indiana), **Garcinia schomburgkiana** Pierre. (madan) e **Averrhoa carambola** Linn. (mafueng ou carambola) foram testadas por Suree **et al.** (2012) quanto às suas actividades antimicrobianas e antioxidantes. Os extractos de frutos de madan, makampom e makoknum apresentaram uma atividade antimicrobiana mais elevada, enquanto os extractos de makampom, pirangasa e makoknum apresentaram uma atividade antioxidante mais forte em comparação com os outros. O extrato de makampom (0,25 -2,0%) foi utilizado como conservante natural em carne de porco moída crua durante o armazenamento refrigerado a 4^0 C. Este extrato a 2,0% foi o mais eficaz para diminuir o número de contagens totais viáveis e **Pseudomonas** totais em carne de porco crua moída. Após 12 dias de armazenamento a 4^0 C, as contagens totais viáveis e o total de **Pseudomonas** em amostras de carne de porco moída adicionadas com 2,0% de extrato de makampom tiveram uma baixa taxa de sobrevivência de 23,27% e 2,06%, respetivamente. Estas amostras de carne de porco moída crua tinham um aspeto aceitável com um valor de pH de 5,52. Além disso, a adição de 2,0% de extrato de makampom foi a mais eficaz para retardar a oxidação lipídica, abrandando o aumento do valor da substância reactiva tiobarbitúrica (TBARS) da carne de porco moída crua. Após o teste duo-trio, alguns dos 12 painéis de sabor não conseguiram detetar o sabor deste extrato de fruta no produto.

2.5 Tenualosa ilisha

O sável indiano hilsa, **Tenualosa ilisha** (Hamilton, 1822), é um dos peixes tropicais mais importantes da região do Indo-Pacífico e ocupou uma posição de topo entre os peixes comestíveis devido ao seu sabor soberbo, ao seu sabor delicioso e às suas delicadas propriedades culinárias. A hilsa é rica em aminoácidos, minerais e lípidos, especialmente com muitos ácidos gordos essenciais e poli-insaturados (PUFA). É considerada benéfica para a saúde humana devido ao nível muito elevado de lipoproteínas de alta densidade e ao baixo nível de lipoproteínas de baixa densidade em AGPI, que reduzem o risco de doenças cardíacas, diabetes, cancro, obesidade, etc. O sabor único da hilsa foi atribuído à presença de muitos ácidos gordos mono e poli-insaturados, nomeadamente os ácidos oleico, lenoleico, lenolénico, araquidónico, eicosapentaenóico e docosa-hexaenóico. A hilsa é mais saborosa na fase de pré-desova do que na fase de pós-desova ou de maturação. A hilsa fêmea cresce mais rapidamente, atinge maiores dimensões e torna-se mais saborosa do que o macho do mesmo grupo etário. A hilsa ribeirinha, especialmente a do rio Padma, é mais saborosa do que a marinha. Pensa-se que as transformações dos ácidos gordos saturados e monoinsaturados em AGPI são os principais fenómenos importantes que controlam o sabor único da hilsa ribeirinha. Cerca de 60-70% da hilsa é consumida fresca no Bangladesh e o resto é exportado para a Índia, os EUA, a UE, o Japão e o Médio Oriente. Devido ao elevado preço pago nos mercados nacional e internacional, o manuseamento pós-colheita e a aplicação de gelo ao peixe são considerados adequados, enquanto a perda pós-colheita é mínima, exceto em algumas capturas de excesso, quando a produção de gelo não consegue acompanhar a procura muito elevada. A hilsa é transformada através de congelação rápida individual (semi-IQF), salga simples, fermentação em sal e fumagem em madeira. A hilsa é consumida de muitas maneiras, sendo preparados vários pratos deliciosos como iguarias, nomeadamente shorshe ilish, bhapa ilish, ilish polao, ilish paturi, pantai lish, etc.

Maruf **et al.,** (2012) estudaram a composição bioquímica da Hilsha (**Tenualosa ilisha**). A percentagem de humidade, proteína, gordura e cinzas (%) foi de 66,04 ± 0,3, 18,68 ±0,27, 24,39 ± 0,19 e cinzas 1,89 ± 0,06, respetivamente. O teor de gordura do peixe Hilsha foi muito mais elevado do que o de muitas outras espécies de peixes de água doce.

2.6 PROPRIEDADES ANTIMICROBIANAS E ANTIOXIDANTES DO ALOÉ VERA

O Aloé vera é uma planta única que é uma fonte rica de muitos compostos químicos e desempenha um papel importante no mercado internacional. A química da planta revelou a presença de mais de 200 substâncias biologicamente activas diferentes, incluindo vitaminas, minerais, enzimas, açúcares, antraquinonas ou compostos fenólicos, lignina, saponinas, esteróis, aminoácidos e ácido salicílico (Chauhan **et al**. 2007).

O Aloé vera é uma das substâncias naturais que contém substâncias antibacterianas (Lorenzetti **et al.**, 2006), antivirais, antioxidantes e antifúngicas (Saks e Golan, 1994; **Rodriguez et al.**, 2005; Hamman, 2008; Joseph e Raj, 2010). Assim, pode ser utilizado para reduzir a deterioração microbiana do peixe.

Winarni **et al.** (2012) estudaram os efeitos do Aloé vera (**Aloé vera**) na estabilidade dos atributos sensoriais, químicos e microbiológicos da cavala indiana (**Rastrelliger neglectus**) durante a armazenagem refrigerada durante 12 dias. O tratamento com uma mistura de 20% de **A. vera** reduziu a taxa de deterioração dos atributos sensoriais. Além disso, estes tratamentos reduziram a contagem total de placas (TPC) e o azoto total de bases voláteis (TVBN) durante os 12 dias de armazenamento. Este estudo mostrou que os tratamentos com **A. vera** prolongaram o prazo de validade da cavala indiana em quatro dias durante a armazenagem refrigerada.

Agarry **et al.** (2005) examinaram as actividades antimicrobianas comparativas do gel e da folha de **A. vera** testadas contra micróbios. Foi utilizado etanol para a extração da folha após a obtenção do gel da mesma. O teste de suscetibilidade antimicrobiana revelou que tanto o gel como a folha inibiram o crescimento de **S. aureus** (18,0 e 4,0 mm, respetivamente). Apenas o gel inibiu o crescimento de **T. mentagrophytes** (20,0 mm), enquanto a folha teve efeitos inibitórios sobre **P. aeruginosa e C. albicans**. Os resultados deste estudo tendem a dar crédito ao uso popular do gel e da folha de **A. vera** para conservação.

Rowe (1941) foi provavelmente o primeiro a dar passos vitais na análise química da planta. Com os seus esforços, **o A. vera** obteve a sua primeira avaliação pormenorizada. Atualmente, consta que **o Aloé vera** contém 75 nutrientes e 200 compostos activos, incluindo açúcar, antraquinonas, saponinas, vitaminas, enzimas, minerais, lignina, ácido salicílico e aminoácidos (Vogler e Ernst 1999, Dureja **et al.**, 2005 e Park e Jo 2006).

As antraquinonas são os compostos fenólicos que se encontram na seiva. Stenhouse (1851) foi o primeiro a identificar a principal substância ativa da planta e Smith (1851) chamou-lhe "Aloína". Os glicosídeos cristalinos conhecidos como "aloína" foram preparados pela primeira vez por Smith e Smith de Edimburgo (1851). O constituinte principal (25-40%) do **Aloé** é o derivado hidroxiantraquino - aloína (= barbaloína, uma mistura de aloína A e B, os glucósidos 10-C diastereoisoméricos da aloína-emodinantrona) e os isómeros da 7-hidroxialoína. Outros constituintes presentes em quantidades menores incluem a aloeemodina, o crisofanol; derivados-aloresina B (= aloesina, até 30%) com o seu derivado p-cumarílico, aloeresinas A e C e a aglicona-aloesona (Hirata e Suga 1983, Van Wyk **et al.** 1995 e Dagne **et al.** 2000).

As plantas **de Aloé vera** têm sido utilizadas para o tratamento da hepatite (Kim **et al.** 1999). Estudos realizados por Lee **et al.** (2000) mostraram que o extrato aquoso de etanol do pó **de Aloe vera** tem actividades anti-mutagénicas e anti-leucémicas. Os efeitos antioxidantes foram estudados por muitos trabalhadores (Lee **et al.** 2000 e Hu **et al.**, 2003). Um estudo de Hu **et al.** (2003) utilizou um sistema de ensaio para radicais livres para confirmar a ação antioxidante do extrato de **Aloé vera**.

Os extractos de **Aloé vera** são utilizados no desenvolvimento de produtos antibacterianos e antifúngicos (Farnsworth 1984). Estudos científicos apoiam o efeito antibacteriano e antifúngico das substâncias do **Aloé vera** (Klein e Penneys, 1988). O potencial anti-microbiano da planta de **Aloé** foi investigado por vários trabalhadores. Em 1964, Lorenzetti e colaboradores testaram folhas de **Aloé vera** contra uma variedade de bactérias. Heggers **et al.** (1979) testaram o gel de Aloé **vera** e Dermaide **Aloé** (um extrato purificado preparado comercialmente) contra dez estirpes bacterianas viz. **Staphylococcus aureus, Streptococcus pyogenes, Streptococcus agalactiae, Escherichia coli, Serratia marcescens, Klebsiella sp., Enterobacter sp., Citrobacter sp., Bacillus subtilis** e **Candida albicans.** Na concentração de 90%, o gel **de Aloé vera** foi eficaz contra todos os organismos, mas na concentração de 70% apenas contra **S. pyogenes.** O Dermaide **Aloe** foi eficaz contra todos os organismos a uma concentração de 70%. Heck **et al.** (1981) testaram um extrato de gel de **Aloé preservado** e um extrato **de Aloé** não preservado contra **Pseudomonas aeruginosa, Entero bacteraerogenes, Staphylococcus aureus** e **Klebsiella pneumoniae.** Verificou-se que o extrato de gel **de Aloé** conservado era mais eficaz no controlo do crescimento bacteriano do que o não conservado. Robson **et al.** (1982) estudaram os efeitos antibacterianos do extrato de **Aloé vera** e verificaram que concentrações tão baixas como 60% eram bactericidas contra sete das 12 espécies de organismos estudados. Heggers **et al.** (1995) sugeriram que o efeito antibacteriano do gel **de Aloé vera** poderia melhorar o processo de cicatrização de feridas, eliminando as bactérias que contribuem para a inflamação. Foi demonstrado que o gel **de Aloé vera** inibe o crescimento de bactérias gram positivas, **Shigella flexneri** e **Streptococcus pyogenes** (Ferro **et al.**, 2003). A atividade antimicrobiana do sumo de **Aloé vera** foi investigada por Edwin (2008) por difusão em disco de ágar contra um painel de bactérias, fungos e leveduras. O sumo de **Aloé vera** mostrou atividade antibacteriana apenas contra as bactérias Gram-negativas **A. hydrophilia** e **E. coli** e não contra quaisquer fungos ou leveduras testados. Resultados semelhantes foram obtidos por Alemdar e Agaoglu (2009) e estabeleceram a atividade antimicrobiana do **sumo de Aloe** vera contra bactérias Gram-positivas (**Mycobacterium smegmatis, Staphylococcus aureus, Enterococcus faecalis, Micrococcus luteus** e **Bacillus sphericus),** bactérias Gram-negativas (**Pseudomonas aeruginosa, Klebsiella pneumonniae, E.coli,** e **Salmonella typhimurium**) e **Candida albicans in vitro.**

Foi demonstrado que uma variedade de isolados de **Aloé vera** inibem micróbios como **Staphylococcus aureus** (Martinez **et al.**, 1996; Cete **et al.**, 2005 e Kaithwas **et al.**, 2008), **Pseudomonas aeruginosa** (Soeda **et al.**, 1966 e Cete **et al.**, 2005), **Klebsiella pneumonia** (Heggers **et al.**, 1979., Heck **et al.**, 1981). Foi proposto que o acemannan, um componente polissacárido do **Aloé, tem uma** atividade antimicrobiana indireta através da sua capacidade de estimular leucócitos fagocíticos (Lawless e Allan 2000 e Pugh **et al.**, 2001). A atividade antibacteriana das folhas é atribuída a antraquinonas (Boateng 2000, Garcia-Sosa **et al.**, 2006 e Dabai **et al.**, 2007) e saponinas (Reynolds e Dweck 1999 e Urch 1999).

Ergun e Satici (2012) estudaram os efeitos do revestimento de gel **de Aloe vera** (0, 1, 5 e 10% p/v) em maçãs **'Granny Smith' de cor verde e 'Red Chief' de cor vermelha** armazenadas a 2^0 C durante 6 meses. Os tratamentos com gel **de aloé vera** suprimiram substancialmente a **perda de peso das maçãs 'Granny Smith', mas não afectaram a perda de peso das maçãs 'Red Chief'.** As maçãs de ambas as cultivares amoleceram a taxas definidas ao longo do tempo, e estas taxas não foram afectadas por nenhum dos tratamentos com gel. O tratamento com gel de Aloé vera suprimiu a perda de **cor verde das maçãs 'Granny Smith', mas não afectou as maçãs 'Red Chief'.** Os resultados indicaram que o tratamento com gel de **Aloé vera** pode ser utilizado como **bio-conservante nas maçãs 'Granny Smith' para retardar as perdas de qualidade.**

Thiruppathi **et al.** (2010) estudaram para determinar a atividade antimicrobiana do sumo de **Aloé Vera** com diferentes solventes, **nomeadamente** hexano, acetato de etilo, éter de petróleo e etanol contra bactérias Gram positivas (**B. subtilis, S. aureus**) e Gram negativas (**E. coli, K. pneumoniae, P. aeruginosa**). O método de difusão em disco foi utilizado para testar a atividade antimicrobiana. O resultado mostrou uma maior atividade antimicrobiana no acetato de etilo (1 - 9 mm) e no extrato de etanol (7 - 12 mm). O menor efeito inibitório nos extractos de éter de petróleo foi de 2 mm.

Khurram **et al. (2009)** examinaram a atividade antimicrobiana comparativa de diferentes preparações de gel **de Aloé vera** (gel fresco, gel conservado, gel de arrefecimento e creme para acne) contra uma série de microrganismos de importância para a saúde pública através do método de difusão em disco. Verificou-se que o gel fresco e o gel conservado exibiram zonas máximas de inibição contra **Bacillus subtilis** (24,7 & 34,5 respetivamente), enquanto o gel de arrefecimento e o creme para acne contra **Staphylococcus aureus** (30,3 & 26.3mm respetivamente) a 37^0 C e similarmente, as zonas mínimas de inibição por todas as quatro preparações de gel de **Aloé vera** foram mostradas contra **Aspergillus ficuum** (9.5, 15.5, 10.5 e 9.5mm respetivamente) após um período de 48h de incubação a 25^0 C. No entanto, as suas várias preparações exibiram uma toxicidade variável contra uma ou mais estirpes testadas de **Aspergillus, Fusarium, Penicillium, Candida, Escherichia, Salmonella, Proteus, Staphylococcus e Bacillus.**

Arunkumar e Muthuselvam (2009) investigaram os compostos fitoquímicos **do Aloe vera** e a atividade antimicrobiana de diferentes extractos. Na análise por CG-EM, foram identificados 26 compostos fitoquímicos bioactivos no extrato etanólico de **Aloe vera**. Foram utilizados três solventes diferentes, como o aquoso, o etanol e a acetona, para extrair os compostos bioactivos das folhas de **Aloe vera** e analisar a atividade antimicrobiana de agentes patogénicos clínicos humanos seleccionados através do método de difusão em ágar. As actividades antibacterianas máximas foram observadas nos extractos de acetona (12±0,45nm, 20±0,35nm, 20±0,57nm e 15±0,38nm), em comparação com os extractos aquosos e o extrato de etanol. A atividade antifúngica do **Aloé vera** foi analisada contra **Aspergillus flavus** e **Aspergillus niger**. A atividade antifúngica máxima foi observada nos extractos de acetona (15±0,73nm e 8±0,37nm) quando comparados com outros extractos. O extrato da planta de **Aloé vera** com acetona pode ser utilizado como agente antimicrobiano.

Muitos dos benefícios para a saúde associados ao **Aloé vera** têm sido atribuídos aos polissacáridos contidos no gel das folhas. Estas actividades biológicas incluem a promoção da cicatrização de feridas, atividade antifúngica, efeitos hipoglicémicos ou antidiabéticos, propriedades anti-inflamatórias, anticancerígenas, imunomoduladoras e gastroprotectoras (Hamman, 2008).

Narsih **et al.** (2012) investigaram que a casca de **Aloe vera** é uma parte da planta de Aloe vera que tem composição química e capacidade como agente antioxidante. Por outro lado, a casca de **Aloe vera** também contém compostos anti-nutritivos, nomeadamente aloína e saponina, que têm um efeito negativo. O processo de extração da casca de **Aloé vera** a 80^0 C durante 60 minutos pode diminuir os compostos de aloína e saponina de 4,27% para 0,987% e de 5,43% para 0,728%, respetivamente, e o produto aumentou a atividade antioxidante de 50,37% para 86,166%. A análise GCMS para os principais compostos identificados foi esqualeno (23,60%), 7-tetradecano (19,66%), limoneno (13,86%), ácido n-hexadecanóico (10,20%), campesterol (1,60%), 0 sitosterol (1,37%), éster metílico 9-octadecanóico (7,56%), carvona (9,44%), comárico (7,64%), lupeol

(3,45%) e eicosano (1,58%). A análise FTIR mostra que os componentes funcionais na casca de Aloé vera eram nitro -NO2, aromáticos, fenol Ar-OH, alceno substituído, halogeneto de ácido aromático, halogeneto de ácido alifático, éter R-OR, álcool secundário R-OH, ácido carboxílico, RCOOH, e metileno -CH2.

2.7 ALTERAÇÕES DE QUALIDADE DURANTE A ARMAZENAGEM EM GELO

2.7.1 Alterações bioquímicas

As alterações bioquímicas no peixe post-mortem são muito complexas. Várias alterações ocorrem nos constituintes do músculo do peixe, levando a mudanças na textura e no sabor, produzindo compostos odoríferos indicativos de deterioração. As alterações químicas nos produtos do mar armazenados em gelo são mediadas por uma combinação de ação bacteriana e atividade enzimática endógena (Flores e Crawford, 1973). De acordo com Siang e Tsukuda (1989), os índices químicos são utilizados para medir os componentes envolvidos no processo de decomposição do tecido do peixe, após a sua morte, por enzimas internas. No entanto, devido às variações biológicas encontradas em diferentes organismos, os índices químicos devem ser utilizados com cuidado e em conjunto com as informações dos outros testes. Verifica-se uma variação significativa na composição proximal dos peixes entre as diferentes espécies e também dentro da mesma espécie. Depende de muitos factores como a idade do peixe, o tamanho, a estação, a desova, a espécie, etc.

2.7.2 Azoto base volátil total (TVB-N)

O ABVT nos peixes é composto principalmente por amoníaco e aminas primárias, secundárias e terciárias (Beatty, 1938). Fraser e Sumar (1998) indicaram que o catabolismo bacteriano dos aminoácidos no músculo dos peixes resulta na acumulação de amoníaco e de outras bases voláteis. O amoníaco e as aminas primárias são ligados à formalina, pelo que esta fração é designada por azoto ligado à formalina (FBN). A trimetil amina (TMA) representa a fração que não está ligada à formalina (Beatty, 1938). O valor de TVB-N é utilizado como um índice de qualidade para decidir o estado de frescura do peixe (juntamente com a TMA). Um nível de 35-40 mg TVB-N /100g de músculo de peixe é geralmente considerado como o limite de aceitabilidade, para além do qual o peixe pode ser considerado estragado (Lakshmanan, 2000). Farber (1965) analisou a utilização de compostos de azoto básico volátil como índice de deterioração. Alguns trabalhadores recomendaram o azoto básico volátil em combinação com um painel gustativo para avaliar a qualidade do peixe congelado (Jendrusch, 1967). Geralmente, verifica-se uma tendência crescente nos valores de TVBN à medida que o peixe se estraga. A tendência para o aumento dos valores de TVBN foi evidente no caso da pescada (Quaranta e Curzio, 1983). O atum gaiado e a solha armazenados em gelo registaram um rápido aumento do TVBN durante 1-3 dias de armazenamento e não apresentaram qualquer variação significativa até ao 9º dia de armazenamento em gelo (Uchiyama **et al.**, 1966). Lakshmanan **et al.**, (1984) avaliando a qualidade do peixe e do camarão desembarcados no porto de pesca de Cochin, durante um período de 3 anos, verificaram que 10,1% da amostra apresentava valores de TVBN superiores a 30 mg %. Foram registados valores elevados de TVB-N em peixes de água doce (Bandhopadhyay **et al.**, 1985 e Joseph **et al.**, 1988). Debevere e Voets (1972) relataram que a adição de tampão citrato a filetes de bacalhau pré-embalados inibiu a formação de

TVBN e TMA durante o período de armazenamento de 6 dias a 0^0 C. Também estudaram o nível de TVBN formado em filetes de bacalhau tratados com sorbato de potássio e embalados em películas de diferentes espessuras. Verificaram que um aumento da permeabilidade ao oxigénio da película de embalagem não provoca um aumento do TVBN durante os primeiros 6 dias nos filetes de bacalhau tratados com sorbato de potássio. No entanto, um aumento do TVBN entre 6th e 12th dias é causado pela produção de compostos de azoto ligados à formalina. Huss (1972) relatou um maior desenvolvimento de TVB-N na arinca embalada a vácuo em comparação com o controlo embalado a ar. Botta **et al.**, (1984) relataram que houve um aumento definitivo de TVB-N durante o armazenamento em gelo do bacalhau fresco do Atlântico, particularmente após 9-11 dias. A concentração média de TVB-N aos 15 dias de armazenagem no gelo variou entre 17 e 35 mg/100g de peixe. Cobb e Vanderzant (1975) sugeriram um limite superior de 30mg N/100g para a aceitabilidade de peixes como o bacalhau, a arinca, a enguia e o lúcio. Verificou-se que os valores de TVBN aumentam durante os estudos de armazenamento no gelo de pérolas inteiras (Varma **et al.**, 1983).

2.7.3 Nitrogénio de trimetil amina (TMA-N)

A maioria das espécies de peixes e crustáceos marinhos produz, no seu processo digestivo, óxido de trimetilamina (TMAO), que desempenha um papel na osmorregulação. O TMAO é um composto azotado não proteico insípido, cujo teor varia consoante a estação do ano, o tamanho e a idade do peixe. No peixe congelado, o TMAO é reduzido por enzimas endógenas a dimetilamina (DMA) e formaldeído, enquanto no peixe congelado é reduzido por enzimas bacterianas a trimetilamina (TMA), que está associada a um odor a peixe (Castell **et al.**, 1971; Regenstein **et al.**, 1982; Hebard **et al.**, 1982; Lundstrom e Racicot, 1983). A concentração de aminas nos tecidos dos peixes depende do tempo e da temperatura e está relacionada com a deterioração dos peixes. A determinação de TMA como indicador de frescura (na realidade, de deterioração) tem sido um critério útil para avaliar a qualidade do peixe. A TMA-N entre 10-15 mg / 100g de músculo é considerada como o limite de aceitabilidade para peixe redondo, inteiro e refrigerado (Connell, 1975). Existe uma relação estreita entre o número de bactérias no músculo e a quantidade de TMA-N que se forma (Laycock e Regier, 1971). Pode presumir-se que a inibição das bactérias redutoras de TMAO aumenta, em grande medida, a qualidade de conservação do peixe (Debevere e Voets, 1972). Debevere e Voets, 1972) também relataram que a formação de TMA foi completamente inibida na presença de 0,4% de sorbato de potássio em filetes de bacalhau pré-embalados.

Foi registada uma gama mais ampla de níveis de TMA (de 5 a 26 mg/100 g) em várias espécies de peixe estragado (Castell **et al.**, 1958; Sengupta **et al.**, 1972). Durante o armazenamento refrigerado, a formação de TMA-N abranda consideravelmente (Ishida **et al.**, 1976). Este facto altera o limiar de TMA-N a partir do qual o peixe é considerado estragado. Em dois peixes de qualidade sensorial idêntica, o que foi armazenado a uma temperatura mais baixa apresentou um valor mais baixo de TMA-N (Anderson & Feller, 1949). Cann **et al.** (1983) também observaram menores quantidades de TMA no último dia de armazenamento em filetes de bacalhau e arenque armazenados a 0^0 C do que naqueles armazenados a 5 e 10^0 C. Reddy **et al.** (1995) observaram que, nos filetes de tilápia embalados ao ar ou em atmosfera modificada (75% CO2: 25% N2) e armazenados (8^0 C e 16^0 C), o teor de TMA aumentava com a armazenagem e atingia um nível elevado no dia da deterioração. Independentemente das temperaturas de armazenamento, os níveis de TMA no momento da deterioração eram mais elevados nos filetes embalados em atmosfera modificada do que nos filetes embalados a 100% de ar.

Meekin **et al.** (1982) referiram que o teor de TMA-N de cabeças de bacalhau de areia não tratadas embaladas sob vácuo era superior a 30 mg/100g após 14 dias de armazenagem a 4^0 C. Dalgaard **et al.** (1993) referiram que a concentração de TMA no momento da deterioração era de aproximadamente 30 mg/100g em filetes de bacalhau sob vácuo e em atmosfera modificada. Verificou-se (Tarr, 1939; Shaw e Shewan, 1968) que os odores característicos da deterioração podem ocorrer independentemente da produção de TMA, dependendo da natureza do inóculo bacteriano. É também possível que a produção de TMA possa ocorrer independentemente da deterioração, uma vez que o TMA se acumula no músculo do peixe como um sal inodoro e é convertido na base com cheiro a peixe apenas nas fases mais avançadas da deterioração. A capacidade das bactérias para reduzir o TMAO a TMA é utilizada como critério taxonómico para a identificação da **Shewanella putrefaciens** não fermentativa (Lee **et al.**, 1977). De acordo com Jorgensen e Huss (1989) e Dalgaard **et al.** (1993), é necessária uma concentração superior a 10^8 cfu/g de **Shewanella putrefaciens** para produzir TMA a uma concentração de 30 mg/100g e provocar uma deterioração percetível. Laycock e Regier (1971) observaram que as pseudomonas, o único organismo responsável pela deterioração do peixe a baixas temperaturas, também foram implicadas na produção de TMA. A produção de TMA-N e o aumento acentuado do azoto não proteico (NPN) no músculo durante a armazenagem a frio podem ser utilizados como indicadores da atividade bacteriana (Ryder **et al.**, 1984; Gokodlu **et al.**,1998). O TMA-N é considerado um instrumento valioso na avaliação da qualidade do peixe armazenado em gelo devido à sua rápida acumulação no músculo em condições de refrigeração (Kryzmien e Elias, 1990; Gokodlu **et al.**, 1998).

2.7.4 Alterações microbiológicas

Os microrganismos desempenham um papel importante na deterioração do peixe (Cann, 1977). As superfícies da pele de peixes de regiões frias e temperadas têm geralmente contagens totais de bactérias viáveis de 10^3 a 10^5 cm-l, e predominam os **psicrófilos** e os **psicrotróficos** gram-negativos aeróbicos. Dois grupos genéricos principais, **Pseudomonas/Alteromonas/Shewanella** e **Moraxella/Acinetobacter**, constituem 60% a mais de 80% da flora (Hobbs, 1991).

Um número semelhante de organismos gram-positivos, mais **mesófilos**, é encontrado em peixes de águas quentes (Shewan, 1977; Matches, 1982). Muitos destes peixes permanecem comestíveis durante mais tempo do que espécies semelhantes de águas frias, embora o padrão de diferentes tempos de conservação seja muito complexo (Lima dos Santos, 1981). Entre as várias razões para os diferentes tempos de conservação, Shewan (1977) sugeriu que uma causa provável pode ser a ausência, na flora inicial dos peixes tropicais, de muitos dos "deterioradores activos" encontrados nos peixes de águas mais frias.

Durante o armazenamento do peixe em gelo, mesmo nas melhores condições em que a temperatura é mantida a 0^0 C, o número de bactérias aumenta após uma fase de atraso de 1 ou 2 dias, atingindo valores máximos de cerca de 10^7 a 10^8 /g de músculo após 9 a 12 dias (Shewan, 1965). Shewan (1965) e Huss (1972) observaram um aumento constante da contagem microbiana durante o armazenamento em gelo da arinca. Sabe-se que **as Pseudomonas** e **Achromobacter** spp. são predominantes. Spreekens (1974) verificou que **os psicrófilos** dominavam a microfiora do bacalhau inteiro capturado por um navio de investigação e armazenado em gelo. Laham e Levin (1984) observaram que 8,8% da microfiora dos filetes de arinca armazenados sob refrigeração eram, na sua maioria, células pleomórficas psicrófilas. As bactérias produtoras de sulfureto têm sido utilizadas como indicadores de deterioração (Jorgensen **et al.**, 1988; Capell **et al.**, 1997). Os produtores de sulfureto constituem frequentemente uma proporção importante da flora microbiana do peixe deteriorado, sendo a bactéria produtora de sulfureto predominante a **Shewanella putrefaciens** (Gram **et al.**, 1987; Gram, 1992). Gram e Huss (1996) referiram que **Shewanella putrefaciens** e **Pseudomonas** são as bactérias de deterioração específicas do peixe congelado, independentemente da origem do peixe. Shewan (1977) referiu que as espécies de **Pseudomonas** são as principais bactérias de deterioração do peixe armazenado em gelo, principalmente devido ao seu curto tempo de geração. Alguns trabalhadores anteriores observaram que o peixe tropical tinha uma vida útil muito mais longa no gelo do que o peixe de água fria (Disney **et al.**, 1971, Shewan, 1977). Isto deve-se ao facto de a flora bacteriana natural dos peixes tropicais conter apenas uma baixa proporção de bactérias psicrófilas e de a grande queda de temperatura durante a formação de gelo ter um efeito mais pronunciado sobre as bactérias mesotróficas (Disney **et al.**, 1971; Poulter **et al.**, 1985). Mas uma proporção considerável das estirpes bacterianas de peixes tropicais adaptou-se facilmente ao crescimento a temperaturas mais baixas. A presença de um grande número de bactérias capazes de se adaptarem ao crescimento a uma temperatura mais baixa e a sua natureza bioquimicamente mais ativa contribuem para a deterioração mais rápida do peixe tropical, durante o armazenamento no gelo. As alterações na flora bacteriana de espécies marinhas, como o bacalhau, durante o armazenamento em gelo indicam que, após um período de atraso de 2-3 dias, há um aumento logarítmico do número de bactérias e que, ao fim de 10th dias, há uma contagem óptima de 10 /cm[82] de pele ou /g de músculo. Qualitativamente, há poucas alterações nos primeiros dias, mas, após este período, os grupos de **pseudomonas** assumem gradualmente o controlo e, no 12.o dia, constituem 90 % da flora total (Shewan, 1971). Surendran e Gopakumar (1991) observaram também um aumento constante de **pseudomonas**, que constituíam aproximadamente 50 a 70 % da flora total em 2 dias de armazenagem em gelo de **Labeo rohita, Labeo calbasu** e **Cirrhinus mrigala**. James (1976) observou que as pseudomonas podiam produzir enzimas proteolíticas na carne a 2^0 C após 14 dias e após 2 dias a 25^0 C. Estudos efectuados por muitos trabalhadores mostraram que as enzimas produzidas por micróbios interferem com muitas mudanças bioquímicas de peixe armazenado em gelo (Chen **et al.**, 1981; Middlebrooks **et al.**, 1988).

Os odores e sabores do peixe em decomposição são causados por resíduos metabólicos de alguns, mas não de todos os organismos bem sucedidos, uma vez que estes utilizam constituintes solúveis em água dos tecidos. É apenas nas fases posteriores, quando a deterioração está bastante avançada, que as proteínas dos tecidos são decompostas por proteinases bacterianas, reabastecendo o conjunto de pequenos péptidos e aminoácidos livres. A microflora presente no peixe armazenado a 2^0 C pode diminuir ou aumentar o pH do tecido muscular, dependendo do tipo de microflora (Chen **et al.**, 1981) e sabe-se que o pH também influencia as características das proteínas.

2.7.5 Avaliação sensorial

A análise sensorial do marisco tornou-se popular na investigação de marketing, desenvolvimento de produtos, garantia de qualidade e investigação e desenvolvimento. Os meios mais antigos e ainda mais difundidos de avaliação da aceitabilidade e comestibilidade do peixe são os sentidos - cheiro e visão, complementados pelo paladar e tato (Farber, 1965). Assim, a avaliação sensorial mede as propriedades físicas dos alimentos através de técnicas psicológicas. É o painel subjetivo do paladar que é utilizado como padrão para determinar a exatidão de qualquer teste objetivo (Gould e Peters, 1971). Farber (1965) considera que a linha que separa o peixe ainda fresco daquele que apresenta alguns sinais precoces de deterioração não está bem definida e está, na maioria das vezes, sujeita a diferenças de opinião pessoal. Os produtos da pesca têm o seu próprio sabor e aroma característicos, na sua maioria de natureza complexa, que variam com as espécies e o tipo de tratamento aplicado e que nenhum dos métodos objectivos até agora desenvolvidos pode, por si só, realçar com êxito. Os fortes odores estranhos associados à deterioração do peixe resultam da libertação de metabolitos pela ação bacteriana (Hebard **et al.**, 1982; Lannelongue **et al.**, 1982 e Reddy **et al.**, 1992). Alternativamente, painéis de peritos treinados para avaliar a "frescura" podem discriminar objetivamente entre amostras com diferenças bastante pequenas.

A avaliação sensorial continua a ser o método mais fiável para avaliar a frescura dos produtos da pesca crus e transformados (lyer, 1972). Várias investigações relataram uma correlação "favorável" entre a avaliação sensorial e o teor de azoto aminado do peixe, enquanto outras questionaram a utilidade do azoto aminado como medida da deterioração precoce do peixe (Farber, 1965). Shewan **et al.**, (1953), Farber (1965) e Mammen (1966) desenvolveram um sistema de pontuação numérica para a avaliação da frescura. Este sistema envolveu a avaliação do estado dos olhos, da cor das guelras, do odor das guelras, do aspeto geral e da textura de cada peixe intacto.

Kim e Hearnsberger (1994) avaliaram as mudanças no sabor, odor e aparência de filetes de peixe-gato refrigerados em combinação com conservantes alimentares e/ou cultura de ácido lático. Botta **et al.** (1984) relataram que a qualidade do bacalhau do Atlântico geralmente não se alterava apreciavelmente durante os primeiros 4-5 dias, era moderada durante 610 dias e era pobre durante 11-13 dias de armazenamento e atingia o estado de rejeição aos 15 dias de armazenamento no gelo. Foram detectadas perdas significativas de sabor e um ligeiro endurecimento no tecido cozinhado dos filetes de bacalhau durante a armazenagem congelada (Sirois **et al.**, 1991). Kim **et al.** (1995a) avaliaram as características sensoriais dos filetes de peixe-gato em combinação com acetato de sódio e fosfato monopotássico e descobriram que os filetes eram sensorialmente aceitáveis até 12 dias a 4°C. Bremner e Statham (1983) registaram alterações nos odores de vieiras cruas, que foram embaladas ao ar, em vácuo ou tratadas com sorbato de potássio. Shalini **et al.** (2000) referiram que os filetes de **Lethrinus lentjan** frescos embalados em vácuo, tratados com 2% de acetato de sódio, eram sensorialmente aceitáveis durante 2-3 semanas durante a armazenagem refrigerada.

CAPÍTULO 3

MATERIAIS E MÉTODOS

3.1 MATERIAIS EXPERIMENTAIS

3.1.1 Matéria-prima

3.1.1.1 Peixe

A Hilsa (**Tenualosa ilisha**) fresca, com um comprimento médio de 22,12 ± 0,81 cm e um peso de 101,35 ± 2,47 gramas, foi adquirida no centro de desembarque de Veraval [Plate- 1 (A)]. Estas matérias-primas foram transportadas em condições de gelo (peixe: gelo, 1:1) do porto de Veraval para a Faculdade de Pescas, JAU. Veraval, onde foram imediatamente lavadas e limpas.

3.1.1.2 Aloé vera

A. vera fresca colhida em quintas locais da cidade de Veraval. **A. vera** foi levada para o laboratório para preparação subsequente [Placa -1(B)].

3.1.2 Produtos químicos utilizados

A maioria dos produtos químicos utilizados provinha da Central Drug House (CDH) limited-Nova Deli, Ranbaxy laboratories limited-SAS Nagar, Astron chemical (INDIA), Rankem - Nova Deli, Chemdyes Corporation, Baroda chemical industries (Baroda) limited. Os ágares foram obtidos de Hi-Media Laboratories private limited, Mumbai.

3.1.3 Artigos de vidro

Os vidros utilizados foram fabricados por Borosil, Agarwal e ASGI.

3.1.4 Instrumento analítico

(1) Estufa de ar quente, (2) Kel plus KES 06L unidade de digestão e destilação, (4) Kel plus (5) SOCS plus SCS2 (6) Forno de mufla, (7) Homogeneizador, (8) Incubadora (9) Balança eletrónica (Sartorius) (10) Fluxo laminar, (11) Secador de ar quente, foram alguns dos equipamentos necessários utilizados para realizar as diferentes análises.

3.1.5 Materiais de embalagem

Para conservar os peixes tratados com gelo, foram compradas no mercado local caixas térmicas de 4 kg de capacidade.

3.2 PORMENOR DA EXPERIÊNCIA

O pormenor da experiência é apresentado a seguir.

3.2.1 Detalhes do tratamento:

a) Primeira experiência para a normalização da dose de tratamento de A. vera

Controlo T0 (sem tratamento com gel de **A. vera**).

T1 10% de gel de **A.** vera/dissolvido em 100 ml de água/100 g de amostra de peixe.

T2 15% de gel **de A.** vera/dissolvido em 100 ml de água/100 g de amostra de peixe.

T3 20% de gel **de A.** vera/dissolvido em 100 ml de água/100 g de amostra de peixe.

b) Segunda experiência para determinar a dose eficaz de A. vera.

T0 Peixe Sem tratamento com extrato/gel de **A. vera**

T1 Peixe com a melhor concentração óptima de extrato de gel de **A. vera**

T2 Peixes com mais 2% do que a melhor concentração óptima de extrato de gel de **A. vera**

T3 Peixe com 2% menos do que a melhor concentração óptima do extrato de gel de **A. vera**.

N.º de replicações: 5

3.2.2 Conceção

O estudo foi realizado com um desenho completamente aleatório (CRD) com dois factores. O primeiro fator foi considerado como peixe inteiro sem tratamentos com **A. vera** (controlo), peixe inteiro com diferentes concentrações de **A. vera** (10%, 15% e 20%) e o segundo como período de armazenamento.

3.2.3 Métodos

3.2.3.1 Pré-processamento de Hilsa fresca (T. ilisha)

No laboratório, os peixes foram lavados com água fria para remover a sujidade e as partículas de areia e o peso e o comprimento de cada peixe foram registados em conformidade.

3.2.3.2 Transformação de peixe

Depois de lavados e medidos, os peixes foram utilizados inteiros para armazenagem refrigerada.

3.2.3.3 Processamento do gel de A. vera

O processo de extração do gel foi realizado em condições de higiene na sala de processamento. A planta foi lavada com água potável e o gel foi extraído da parte central da planta

3.2.3.4 Preparação da concentração do extrato em gel de A. vera [Placa -2(A)]

a) Primeira experiência para a padronização da dose de tratamento de A. vera

Extrato de gel de **A. vera**

- Sem extrato de gel de **A. vera (T0)**

- Extrato de gel de **A. vera a 10% (T1):-** 1,0 kg de **A. vera** foi dissolvido em 10 litros de água destilada.

- Extrato de gel de **A. vera a 15% (T2):-** 1,5 kg de *A. vera* foi dissolvido em 10 litros de água destilada.

- Extrato de gel de *A. vera* **a 20% (T3):-** 2,0 kg de **A. vera** foram dissolvidos em 10 litros de água destilada.

Foram utilizados 10 kg de peixe inteiro para cada tratamento.

Com base no melhor resultado encontrado na concentração de 20% de extrato de gel. A segunda experiência de refinamento foi realizada com o tratamento do extrato de gel de **A. vera,** 18%, 20% e 22%, respetivamente.

b) Segunda experiência para determinar a dose efectiva de A. vera.

Extrato de gel de **A. vera**

- Sem extrato de gel de *A. vera* **(T0)**

- Extrato de gel de *A. vera a* **18% (T1):-** 1,35 kg de **A. vera** foi dissolvido em 7,5 litros de água destilada.

- Extrato de gel de *A. vera a* **20% (T2):-** 1,5 kg de *A. vera* foi dissolvido com 7,5 litros de água destilada
- Extrato de gel de **A. vera a 22% (T3):-** 1,65 kg de **A. vera** foi dissolvido em 7,5 litros de água destilada.

Foram utilizados 7,5 kg de peixe inteiro para cada tratamento.

3.2.3.5 Mergulhada em extrato de gel de A. vera [PLACA-3(A)]

a) Primeira experiência para a padronização do tratamento de doses de A. vera

Os peixes inteiros refrigerados preparados foram divididos em quatro grupos. O primeiro grupo foi mergulhado em água refrigerada sem extrato de gel de **A. vera** e foi utilizado como controlo. Os restantes três grupos foram mergulhados separadamente em 10%, 15% e 20% de extrato de gel de A. vera durante 2 horas. Foram utilizados 4,5 kg de extrato de gel de A. **vera** para 30 kg de peixe inteiro para o tratamento.

b) Segunda experiência para determinar a dose efectiva de A. vera.

Foi efectuada uma segunda experiência para determinar a eficácia da dose padrão de **A. vera** na qualidade de **T. ilisha**.

Os peixes inteiros refrigerados preparados foram divididos em quatro grupos. O primeiro grupo, mergulhado em água refrigerada sem extrato de gel de **A. vera**, foi utilizado como controlo. Os restantes três grupos foram mergulhados separadamente em 18%, 20% e 22% de extrato de gel de A. **vera** durante 2 horas. Foram utilizados 4,5 kg de extrato de gel de A. **vera** para 22,5 kg de peixe inteiro para o tratamento.

3.2.3.6 Embalagem

Os peixes tratados com extrato de gel de **A. vera** foram embalados numa caixa térmica isolada [PLATE-4(A)] com uma proporção de 1:1 de gelo e peixe para armazenamento refrigerado durante 15 dias. O gelo foi substituído de 12 em 12 horas. A saída foi preparada para drenar o gelo derretido.

3.2.3.7 Armazenamento

O peixe tratado foi armazenado numa caixa térmica isolada durante 15 dias para armazenamento refrigerado [PLATE-5(A)].

3.3 ANÁLISE

A avaliação sensorial das amostras foi efectuada todos os dias por cinco membros do painel, tendo a contagem bacteriana total TPC e o TVB-N (Azoto Volátil Total de Base) sido efectuados em intervalos de 3 dias, de 0, 3, 6, 9 e 12 dias de armazenamento.

3.3.1 Composição Proximal

3.3.1.1 Determinação da humidade (A.O.A.C, 2006)

O teor de humidade foi determinado pelo método padrão de ar quente (AOAC, 2006). Cerca de 5,0 g de amostras de carne foram colocadas em cadinhos de sílica e secas numa estufa de ar quente (Kumar sales corporation, Mumbai), mantida a 100^0 C ± 2^0 C durante 16 a 18 horas. A secagem e a pesagem foram repetidas até se obter um peso constante. A perda de peso foi expressa em percentagem de humidade da carne.

3.3.1.2 Determinação do teor de cinzas (A.O.A.C, 2006)

O teor de cinzas da carne foi determinado pelo método descrito em (AOAC, 2006). Cerca de 1 g de amostra de carne isenta de humidade foi colocada num cadinho de sílica previamente pesado. A incineração preliminar foi efectuada por aquecimento lento numa chama para permitir a libertação da gordura sem queimar. Assim que o fumo deixou de sair da amostra, esta foi incinerada numa mufla a 550^0 C ± 10^0 C durante 5 horas até se obter uma cinza branca. Os cadinhos foram retirados, arrefecidos em exsicadores e pesados. O teor de cinzas foi calculado a partir da diferença de peso do cadinho e expresso como percentagem de cinzas em base de peso húmido.

3.3.1.3 Determinação da proteína bruta (A.O.A.C, 2006)

O teor de proteína bruta da carne foi determinado através da estimativa do azoto total pelo método microkjeldahl (AOAC, 2006), utilizando a unidade de digestão e destilação com aquecimento elétrico Kelplus (Pelican Equipment, Chennai). Cerca de um grama de amostra de carne foi digerido com 10 ml de ácido sulfúrico concentrado e 3-4 g de mistura de digestão K2SO4 e CuSO4 (5:1) num balão de digestão de 500 ml, aquecendo num suporte de digestão aquecido eletricamente. A digestão foi continuada até se obter uma solução límpida e incolor. Após arrefecimento, o volume foi completado para 100 ml com água destilada. Destilou-se 5 ml da alíquota numa unidade de destilação Kjeldahl com 10 ml de solução de hidróxido de sódio a 40%. O amoníaco libertado foi absorvido em 10 ml de solução de ácido bórico a 2% contendo um indicador misto (vermelho de metilo a 0,1% e verde de bromocresol a 0,1%, na proporção de 1:5, dissolvidos em álcool etílico a 95%) até a cor da solução de ácido bórico se tornar verde. Esta solução foi titulada com ácido sulfúrico 0,02 N (N/50) até recuperar a cor rosa.

O teor de proteínas brutas foi calculado multiplicando o teor de azoto total por 6,25 e expresso em percentagem do peso da carne.

3.3.1.4 Determinação dos lípidos totais (A.O.A.C, 2006)

O teor de gordura bruta da carne foi determinado pelo método de extração Soxhlet (AOAC, 2006) utilizando a unidade SOCS Plus (Pelican Equipment, Chennai). Colocou-se cerca de 1 g de amostra de carne sem humidade num dedal Whatman. O dedal foi colocado num copo. Depois de adicionar 80 ml de éter de petróleo ao copo, este foi ligado à unidade de extração SOCS Plus. O éter de petróleo de grau AR (40^0 a 60^0 C) foi utilizado como solvente para a extração. A extração foi continuada durante 1 hora a 60^0 C. Após a extração, o copo recetor previamente pesado contendo a gordura extraída foi seco inicialmente numa placa quente a 98^0 a 100^0 C e depois numa estufa mantida a 60^0 C ± 5^0 C. Após secagem completa, o copo recetor foi arrefecido num exsicador e pesado. A diferença entre o peso inicial e o peso final do copo recetor foi determinada e o teor de gordura da carne foi calculado com base no peso húmido.

3.4 ANÁLISE DE FRESCURA

3.4.1 Preparação do extrato de ácido tricloroacético (TCA)

10 g de amostra foram extraídos com ácido tricloroacético (TCA) a 20% por trituração num almofariz e pilão, depois o conteúdo foi filtrado quantitativamente através de papel de filtro Whatman n.º 1 e completado até 50 ml com água destilada em condições refrigeradas. O extrato de TCA foi utilizado para medir a trimetil amina e o azoto básico volátil total.

3.4.2 Determinação do azoto trimetilamínico (TMA-N)

A TMA foi determinada como azoto trimetilamínico (TMA-N) pelo método de microdifusão descrito por Beatty e Gibbons (1937). Introduziu-se 1 ml de ácido sulfúrico N/100 padrão na câmara interna da unidade de difusão. Na câmara exterior, adicionou-se 1 ml de extrato de TCA, seguido de 0,5 ml de formaldeído neutralizado. A unidade foi então selada com uma tampa de vidro e mantida sem perturbações durante a noite. A solução da câmara interna foi titulada com hidróxido de sódio N/100 padrão com o indicador de Tashiro. De igual modo, foi também efectuado um ensaio em branco. O TMA-N foi calculado e expresso em mg % das amostras.

3.4.3 Determinação do azoto básico volátil total (TVB-N)

A determinação da base volátil total na amostra foi determinada como azoto base volátil total (TVB-N) pelo método de microdifusão descrito por Beatty e Gibbons (1937). Introduziu-se 1 ml de ácido sulfúrico N/100 padrão na câmara interna da unidade de difusão. Na câmara exterior, adicionou-se 1 ml de extrato de TCA, seguido de 1 ml de carbonato de potássio saturado. A unidade foi então selada com uma tampa de vidro e mantida sem perturbações durante a noite. A quantidade de ácido que não reagiu na câmara interior foi determinada por titulação com hidróxido de sódio N/100 padrão com o indicador de Tashiro. De igual modo, foi efectuado um ensaio em branco. O ABVT foi calculado e expresso em mg % das amostras.

3.4.4 Determinação do índice de peróxidos (PV)

O índice de peróxidos (PV) dos lípidos foi determinado a partir do extrato lipídico de acordo com Jacobs (1958) por iodomatria. Tomou-se 10 g de amostra e triturou-se bem com 15 g de sulfato de sódio anidro. Transferiu-se o homogeneizado para um balão com rolha de 100 ml e adicionou-se 30-50 ml de clorofórmio, que foi colocado num local escuro durante cerca de 15-20 minutos, agitando-se ocasionalmente. Juntar 10 ml de extrato clorofórmico e 25 ml de solvente (2 volumes de ácido acético glacial e 1 volume de clorofórmio). O iodo libertado foi titulado com uma solução padrão de tiossulfato de sódio e expresso em miliequivalentes de peróxido/kg de lípido.

3.4.5 Determinação de ácidos gordos livres (FFA)

O teor de ácidos gordos livres (AGL) no extrato lipídico foi determinado com um método titulométrico melhorado, tal como descrito por Takagi **et al.** (1984). Foram adicionados 5 ml de metanol e 10 ml de isopropanol (clorofórmio: metanol: isopropanol = 2:1:2) a 10 ml de extrato clorofórmico e misturados num erlenmeyer de 100 ml. Foram adicionadas três gotas de púrpura de metacresol a 0,5% como indicador. Os AGL foram titulados até ao ponto final púrpura com hidróxido de sódio aquoso 0,05 N. A percentagem de ácidos gordos livres foi calculada como percentagem de ácido oleico.

3.5 TESTE MICROBIANO

3.5.1 Preparação da amostra para bactérias.

Foram colhidos 10 g de amostra de peixe numa placa de amostragem esterilizada. Depois de transferida a amostra para um almofariz estéril. A amostra foi homogeneizada com 90 ml de solução tampão de fosfato estéril. Em seguida, a amostra homogeneizada foi diluída 10 vezes, ou seja, 10^{-1} . Para uma diluição adicional, 1 ml da diluição 10^{-1} foi misturado com 9 ml da solução apropriada para o plaqueamento. **3.5.2 Contagem total de placas (A.O.A.C, 2006)**

As características microbiológicas do peixe fresco foram efectuadas de acordo com o método padrão recomendado pela AOAC (2006). Cada 1 ml das diluições necessárias foi transferido para placas de Petri separadas em série. 10-15 ml de ágar esterilizado Tryptone Glucose Beef Extract (TGBE), espalhados nas placas de Petri, bem misturados e deixados a solidificar. Depois, as placas de Petri foram colocadas na incubadora. A incubação foi efectuada a 37±1°C durante 48 horas. Após 48 horas, as colónias foram contadas.

3.6 CARACTERÍSTICAS SENSORIAIS

Foram avaliadas as características sensoriais do peixe fresco hilsa, peixe inteiro, utilizando a escala Headonic de 9 pontos (Joseph e Iyer, 2006). A análise foi realizada em amostras seleccionadas aleatoriamente imediatamente após a remoção do armazenamento refrigerado. Em seguida, as classificações de cada amostra foram avaliadas quanto ao aspeto, cor, odor, sabor, textura e aceitabilidade global por 5 membros do painel, utilizando uma escala hedónica de 9 pontos. A pontuação para cada atributo foi apresentada. Uma pontuação igual ou superior a 6 indica uma boa qualidade. O limite de aceitabilidade foi de 4. O formulário utilizado para o exame organolético é apresentado em apêndice.

3.7 ANÁLISE ESTATÍSTICA

Os dados foram analisados estatisticamente de acordo com o desenho fatorial completo e aleatório. A análise de variância foi efectuada utilizando procedimentos estatísticos padrão, tal como descrito por Snedecor e Cochran (1967).

PLACA 1

A. PEIXE HILSA (TENUALOSA ILISHA)

B. RECOLHA DE ALOÉ VERA

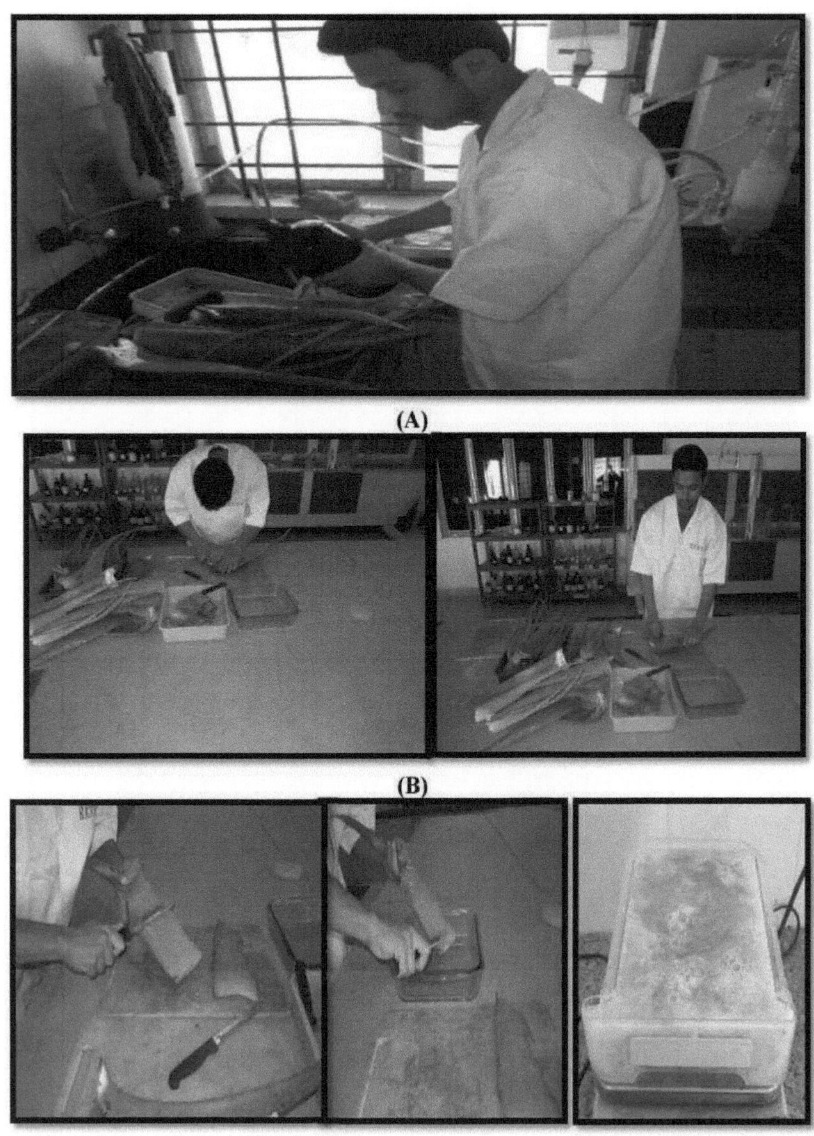

(A)

(B)

(C)   (D)

A. **PREPARAÇÃO DO EXTRACTO DE GEL DE** A. VERA

(A) Lavagem de A. vera **(B) Corte de** A. vera **(C) Extração de** A. vera em **gel (D) Extrato de** A. vera em **gel**

A. TRATAMENTO POR IMERSÃO DO EXTRACTO DE GEL DE A. VERA

PLACA 4

A. PROCESSO DE FORMAÇÃO DE GELO NUMA CAIXA ISOLADA

A. ESTUDO DA ARMAZENAGEM REFRIGERADA NO LABORATÓRIO

CAPÍTULO 4

RESULTADOS

O peixe fresco hilsa (**Tenualosa ilisha**) foi utilizado como espécime de teste no presente trabalho. O peixe inteiro tratado com diferentes concentrações de extrato de gel de **A. vera**, foi refrigerado e armazenado durante um período de 15 dias e analisado quanto às suas características físicas, químicas, microbiológicas e sensoriais. Os resultados destas análises são apresentados nas sub-secções seguintes.

4.1 CARACTERÍSTICAS DA MATÉRIA-PRIMA (Experiência preliminar)

4.1.1 Características físicas

As características físicas do peixe fresco são apresentadas no quadro 4.1. Os peixes frescos mediam, em média, **22,12 ± 0,80** cm de comprimento total. O comprimento padrão do peixe foi de 17,49 ± 0,66 cm. O peso médio dos peixes foi de 101,35 ± 2,47 g.

4.1.2 Composição Proximal do Peixe Hilsa Fresco (Tenualosa ilisha)

A composição proximal média do peixe hilsa fresco como matéria-prima é apresentada na Tabela 4.1. Os peixes foram capturados em janeiro de 2013 e foram considerados peixes gordos com um teor de gordura de 11,9 ± 0,96. O teor de humidade era de cerca de 67,88 ± 0,36, o teor de proteínas era de 17,97 ± 0,16 e o teor de cinzas era de 1,94 ± 0,20.

4.1.3 Características químicas

4.1.3.1 Avaliação da frescura

A qualidade do peixe hilsa fresco foi avaliada através de parâmetros químicos, microbiológicos e sensoriais. As características químicas como TMA-N, TVB-N, bem como a qualidade lipídica do peixe fresco como PV, valor FFA e as suas características microbiológicas e sensoriais são também apresentadas no Quadro 4.1.

Quadro 4.1 Características da matéria-prima (peixe Hilsa, Tenualosa ilisha)

A.		PHYSICAL CHARACTERISTICS	Mean ± S.D.
	1	Total Length (Cm)	22.12 ± 0.80
	2	Standard Length (Cm)	17.49 ± 0.66
	3	Weight of Fish (g)	101.35 ± 2.47
B.		PROXIMATE COMPOSITION	
	1	Moisture (%)	67.88 ± 0.36
	2	Total Protein (%)	17.97 ± 0.16
	3	Total Lipid (%)	11.9 ± 0.96
	4	Total Ash (%)	1.94 ± 0.20
C.		CHEMICAL CHARACTERISTICS	
	1	TMA-N (mg %)	1.554 ± 0.17

	2	TVB-N (mg %)	7.406 ± 0.16
	3	PV (m.equ./kg of fat)	0.68 ± 0.15
	4	FFA value (% of oleic acid)	1.17 ± 0.014
D.	**MICROBIOLOGICAL CHARACTERISTIC**		
	TPC log (cfu per gram) of sample		4.9531 ± 0.05
E.	**SENSORY CHARACTERISTICS**		
	1	Appearance	9.87 ± 0.05
	2	Colour	9.95 ± 0.015
	3	Taste	9.84 ± 0.034
	4	Odour	9.88 ± 0.017
	5	Texture	9.83 ± 0.05
	6	Over all acceptability	9.96 ± 0.017

4.2 NORMALIZAÇÃO DO TRATAMENTO COM ALOÉ VERA DOSE

A fim de descobrir uma concentração eficaz de extrato de **A. vera** para prolongar a estabilidade do peixe durante a conservação refrigerada, foi efectuado um tratamento preliminar em relação aos seguintes parâmetros de qualidade

4.2.1 Alterações bioquímicas

4.2.2 TMA-N

As alterações no conteúdo de TMA-N no controlo (T0) e na hilsa inteira refrigerada tratada com **A. vera** com amostras de 10% (T1), 15% (T2) e 20% (T3) mostraram tendências crescentes com a inclusão de períodos de armazenamento refrigerado (Tabela 4.2 e Figura 4.1). A hilsa inteira refrigerada de controlo (T0) apresentou teores mais elevados de TMA-N, mas dentro do limite aceitável, em comparação com outras amostras de hilsa inteira refrigerada tratadas com **A. vera.** A concentração de 20% de **A. vera** mostrou um maior efeito inibitório no nível de TMA-N em comparação com 10% e 15% da solução de extrato em gel de **A. vera.** Quanto maior a concentração do extrato em gel de **A. vera,** menor o nível de TMA-N. Nenhuma das amostras apresentou um nível de TMA-N que excedesse o limite de aceitabilidade no final do período de armazenamento refrigerado de 15 dias. O efeito de interação entre os tratamentos e o período de armazenamento (dias) foi considerado significativo, com um CV (%) de 2,820.

4.2.3 TVB-N

As mudanças no conteúdo de TVB-N no controlo (T0) e com diferentes concentrações de extrato de gel de **A. vera** de 10% (T1), 15% (T2) e 20% (T3) amostras armazenadas refrigeradas mostraram tendências de aumento progressivo com o aumento dos períodos de armazenamento refrigerado (Tabela 4.3 e Figura 4.2). O efeito de interação entre os tratamentos e o período de armazenamento (dias) foi considerado significativo com um CV (%) de 2,379. O TVB-N de T0, T1, T2 e T3 variou entre $7,28 \pm 0,07$ (mg/100g) e $28,90 \pm 0.37$(mg/100g), $7,27 \pm 0,06$ (mg/100g) a $25,65 \pm 0,31$ (mg/100g), $7,43 \pm 0,09$ (mg/100g) a

23,45 ± 0,11 (mg/100g) 7,50 ± 0,09 (mg/100g) a 20,17 ± 0,06 (mg/100g) respetivamente durante o período de armazenamento refrigerado. No entanto, o nível de TVB-N não ultrapassou o limite aceitável em nenhum dos grupos. O nível mais baixo de TVB-N no final dos 15 dias de estudo foi observado na hilsa inteira tratada a 20% (T3), seguida de 10% (T1), 15% (T2) e controlo. O efeito da concentração do extrato de gel de **A. vera** na diminuição do nível de TVB-N foi muito óbvio na amostra. Quanto maior a concentração do tratamento, menor o nível de TVB-N.

Quadro 4.2 Alterações do TMA-N (mg/100g) na hilsa inteira durante a armazenagem refrigerada

Storage period (days)	Chilled whole hilsa T0 (BLANK)	Chilled whole hilsa treated with *A. vera* gel extract gel			Dx
		T1 (10%)	T2 (15%)	T3 (20%)	
0	1.53 ± 0.06	1.60 ± 0.12	1.46 ± 0.08	1.53 ± 0.06	**1.53** ± 0.08
3	3.91 ± 0.13	3.36 ± 0.22	2.91 ± 0.08	2.77 ± 0.13	**3.24** ± 0.14
6	5.71 ± 0.19	4.96 ± 0.29	4.17 ± 0.30	3.75 ± 0.09	**4.65** ± 0.22
9	8.32 ± 0.18	7.03 ± 0.24	6.41 ± 0.21	5.63 ± 0.28	**6.85** ± 0.23
12	11.73 ± 0.15	10.33 ± 0.36	9.60 ± 0.22	8.65 ± 0.24	**10.08** ± 0.24
15	15.33 ± 0.09	14.24 ± 0.11	12.73 ± 0.06	11.40 ± 0.12	**13.42** ± 0.09
Tx	7.75 ± 0.13	**6.92** ± 0.22	**6.21** ± 0.16	**5.62** ± 0.15	

	S.Em. ±	C.D. at 5%	CV %
T	0.04	-	
D	0.25	0.755	2.820
T x D	0.08	0.235	

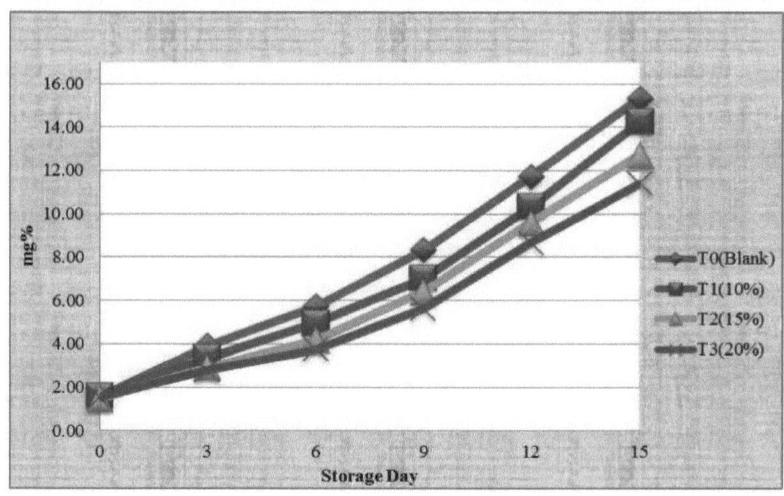

Figura 4.1 Alterações no TMA-N (mg/100 g) durante o período de armazenamento refrigerado

Quadro 4.3 Alterações no teor de ABVT (mg/100g) na hilsa inteira durante a armazenagem refrigerada

Storage period (days)	Chilled whole hilsa T0 (BLANK)	Chilled whole hilsa treated with *A. vera* gel extract			Dx
		T1 (10%)	T2 (15%)	T3 (20%)	
0	7.28 ± 0.07	7.27 ± 0.06	7.43 ± 0.09	7.50 ± 0.09	**7.37** ± 0.08
3	10.43 ± 0.09	8.75 ± 0.41	8.53 ± 0.19	8.27 ± 0.13	**9.00** ± 0.20
6	12.56 ± 0.15	11.12 ± 0.29	10.33 ± 0.24	9.74 ± 0.12	**10.94** ± 0.20
9	16.03 ± 0.16	14.31 ± 0.39	13.34 ± 0.42	11.98 ± 0.09	**13.92** ± 0.26
12	22.50 ± 0.77	19.42 ± 0.32	17.84 ± 0.43	16.10 ± 0.41	**18.96** ± 0.48
15	28.90 ± 0.37	25.65 ± 0.31	23.45 ± 0.11	20.17 ± 0.06	**24.54** ± 0.21
Tx	**16.28** ± 0.06	**14.42** ± 0.05	**13.49** ± 0.06	**12.30** ± 0.06	

	S.Em. ±	C.D. at 5%	CV %
T	0.08	-	
D	0.056	1.673	2.379
T x D	0.015	0.422	

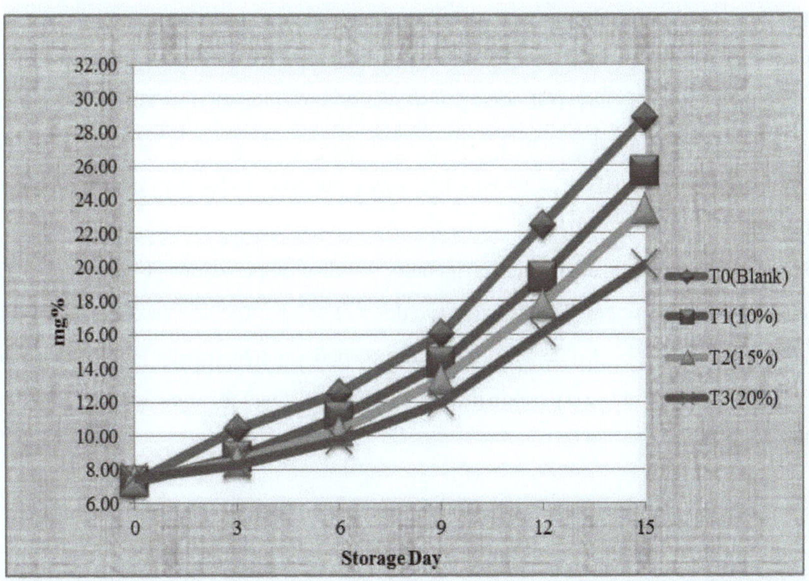

Figura 4.2 Alterações no teor de ABVT (mg/100g) durante o período de armazenagem

refrigerada

4.2.3 . Índices de Rancidez

4.2.3.1 Ácidos gordos livres (FFA)

O teor de AGL apresentou tendências de aumento lento em todas as amostras durante os períodos de armazenamento refrigerado (Tabela 4.4 e Figura 4.3). O efeito de interação entre os tratamentos e o período de armazenagem (dias) foi considerado significativo, com um CV (%) de 3,155.

O valor inicial de AGL em T0 foi de 1,17 ± 0,02%, enquanto que em T1, T2 e T3 foi de 1,16 ± 0,03%, 1,17 ± 0,01% e 1,17 ± 0,01%, respetivamente. No final do período de armazenamento, os valores de AGL foram de 5,49 ± 0,19, 3,64 ± 0,06, 2,93 ± 0,02 e 2,37 ± 0,05 em T0, T1, T2 e T3, respetivamente (média ± DP).

Verificou-se que o tratamento com 20% de extrato de gel de **A. vera** é mais eficaz no controlo da formação de AGL.

Também aqui, a supressão da formação de AGL com o aumento da concentração do extrato de gel de **A. vera** foi evidente.

4.2.3.2 Índice de peróxidos (PV)

As alterações no teor de índice de peróxidos (PV) nas amostras T0, T1, T2 e T3 de hilsa inteira refrigerada durante o período de armazenamento refrigerado são mostradas na Tabela 4.5 e na Figura 4.4.

Também seguiu a tendência dos AGL, mas com flutuação intermitente. Em T0, o valor inicial foi de 0,72 ± 0,09 m.equ./kg e em T1, T2 e T3 foi de 0,74 ± 0,07m.equ./kg, 0,76 ± 0,07m.equ./kg e 0,71 ± 0,05m.equ./kg, respetivamente, todos bem dentro do limite de aceitabilidade.

No final do período de armazenamento refrigerado, o índice de peróxidos (PV) foi de 4,18 ± 0,05m.equ./kg, em T0 e em T1, T2, T3 foi de 3,19 ± 0,03 m.equ./kg, 2,54 ± 0,05m.equ./kg e 2,17 ± 0,05m.equ./kg, respetivamente (média ± DP). O efeito da interação entre os tratamentos e o período de armazenamento (dias) foi significativo, com um CV (%) de 3,963.

Quadro 4.4 Alterações nos AGL (% de ácido oleico) em Hilsa inteira durante a armazenagem refrigerada

Storage period (days)	Chilled Whole hilsaT0 (BLANK)	Chilled whole hilsa treated with *Aloe vera* gel extract			Dx
		T1 (10%)	T2 (15%)	T3 (20%)	
0	1.17 ± 0.02	1.16 ± 0.03	1.17 ± 0.01	1.17 ± 0.01	**1.17** ± 0.02
3	1.41 ± 0.01	1.28 ± 0.02	1.21 ± 0.01	1.21 ± 0.01	**1.28** ± 0.01
6	1.60 ± 0.03	1.42 ± 0.01	1.36 ± 0.02	1.27 ± 0.02	**1.41** ± 0.02
9	2.01 ± 0.04	1.79 ± 0.02	1.65 ± 0.03	1.43 ± 0.03	**1.72** ± 0.03
12	3.72 ± 0.14	2.85 ± 0.11	2.67 ± 0.07	2.29 ± 0.10	**2.88** ± 0.10
15	5.49 ± 0.19	3.64 ± 0.06	2.93 ± 0.02	2.37 ± 0.05	**3.61** ± 0.08
Tx	**2.57** ± 0.07	**2.03** ± 0.04	**1.83** ± 0.02	**1.62** ± 0.04	

	S.Em. ±	C.D. at 5%	CV %
T	0.01	-	
D	0.21	0.631	3.155
T x D	0.03	0.080	

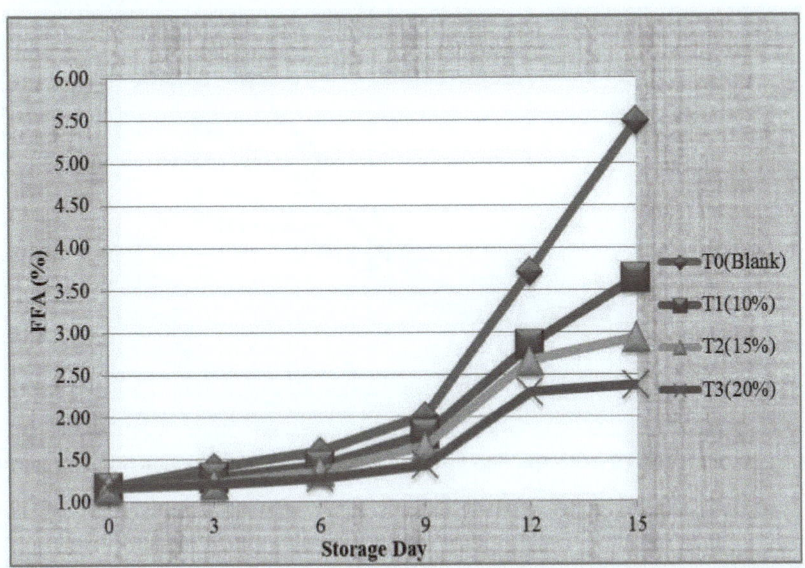

Figura 4.3 Alterações nos AGL (% de ácido oleico) durante o período de armazenamento refrigerado

Quadro 4.5 Alterações no índice de peróxidos (m.equ./kg) na hilsa inteira durante a armazenagem refrigerada.

Storage period (days)	Chilled Whole hilsa T0 (BLANK)	Chilled whole hilsa treated with *Aloe vera* gel extract.			Dx
		T1 (10%)	T2 (15%)	T3 (20%)	
0	0.72 ± 0.09	0.74 ± 0.07	0.76 ± 0.07	0.71 ± 0.05	**0.73** ± 0.07
3	1.08 ± 0.04	0.86 ± 0.07	0.79 ± 0.05	0.76 ± 0.05	**0.87** ± 0.05
6	1.27 ± 0.05	1.04 ± 0.03	0.96 ± 0.04	0.86 ± 0.03	**1.03** ± 0.04
9	1.81 ± 0.05	1.57 ± 0.05	1.40 ± 0.03	1.30 ± 0.05	**1.52** ± 0.05
12	3.01 ± 0.08	2.56 ± 0.07	2.15 ± 0.13	1.96 ± 0.10	**2.42** ± 0.10
15	4.18 ± 0.05	3.19 ± 0.03	2.54 ± 0.05	2.17 ± 0.05	**3.02** ± 0.05
Tx	**2.01** ± 0.06	**1.66** ± 0.05	**1.43** ± 0.06	**1.29** ± 0.06	

	S.Em. ±	C.D. at 5%	CV %
T	0.01	-	
D	0.13	0.390	3.963
T x D	0.03	0.080	

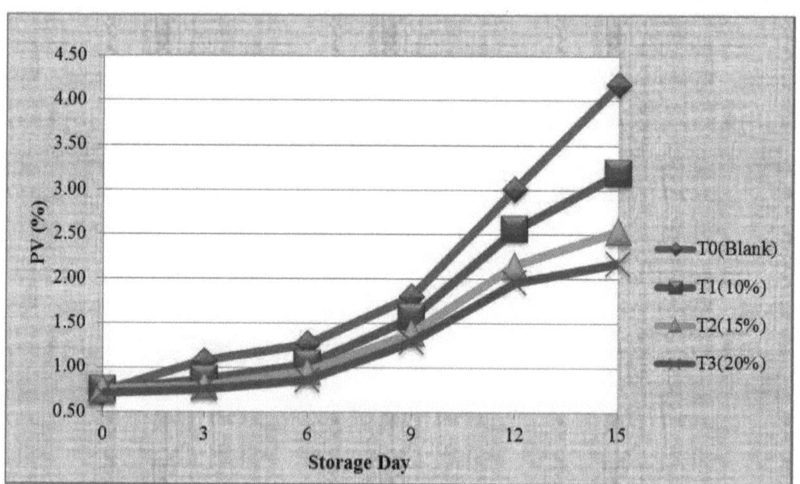

Figura 4.4 Alterações no PV (m. equ. /kg) durante o período de armazenamento refrigerado.

4.2.4 Característica microbiológica

4.2.4.1 Contagem total de placas (TPC)

Os valores iniciais de TPC em todas as amostras eram mais ou menos os mesmos, que mostraram uma tendência de aumento com o aumento dos dias do período de armazenamento (Tabela 4.6 e Figura 4.5).

O valor mais baixo foi observado no tratamento com 20 % de extrato de gel de **A. vera**, seguido de 15%, 10%
e 0%. O efeito de interação dos tratamentos e do período de armazenamento foi considerado significativo com
CV (%) 2,744.

**Quadro 4.6 Alterações no log de contagem total de placas (ufc/g) em hilsa inteira durante a
armazenagem refrigerada.**

Storage period (days)	Chilled Whole hilsaT0 (BLANK)	Chilled whole hilsa treated with *Aloe vera* gel extract			Dx
		T1 (10%)	T2 (15%)	T3 (20%)	
0	2.318 ± 0.03	2.274 ± 0.02	2.250 ± 0.02	2.240 ± 0.03	**2.270 ± 0.02**
3	3.757 ± 0.01	3.106 ± 0.03	2.916 ± 0.01	2.579± 0.03	**3.090 ± 0.02**
6	4.119 ± 0.04	3.946 ± 0.01	3.687 ± 0.06	3.079 ± 0.03	**3.708 ± 0.04**
9	4.921 ± 0.02	4.569 ± 0.04	4.163 ± 0.04	3.710 ± 0.03	**4.341 ± 0.02**
12	5.715 ± 0.36	5.419 ± 0.17	4.939 ± 0.05	4.517 ± 0.09	**5.147 ± 0.17**
15	6.753 ± 0.15	5.834 ± 0.29	5.649 ± 0.07	5.000 ± 0.04	**5.809 ± 0.14**
Tx	**4.597 ± 0.10**	**4.191 ± 0.09**	**3.934 ± 0.04**	**3.521 ± 0.04**	

	S.Em. ±	C.D. at 5%	CV %
T	0.02	-	
D	0.10	0.304	2.744
T x D	0.05	0.140	

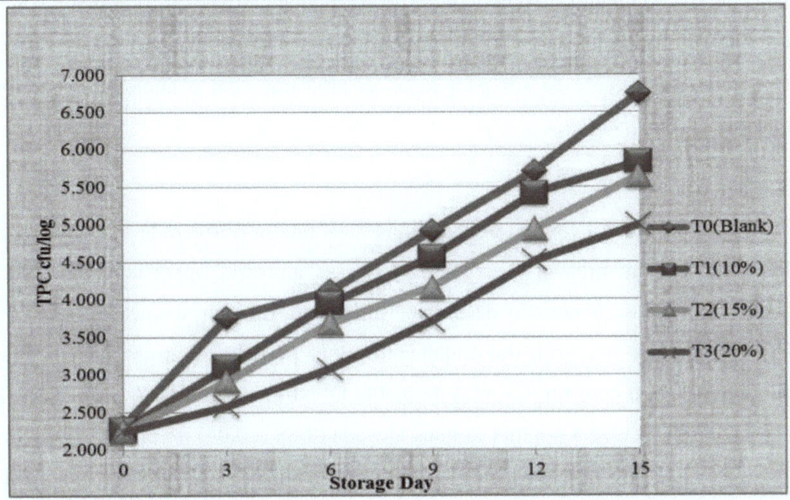

**Figura 4.5 Alterações no log de contagem total de placas (ufc/g) durante o período de
armazenamento refrigerado.**

41

4.2.5 Características sensoriais

As amostras foram analisadas quanto ao aspeto, cor, sabor, odor, textura e aceitabilidade global. A pontuação média dos painéis para amostras de hilsa inteira refrigerada, crua e tratada, 0, 1, 2, 3, 4, 5, 6, 7, 8, 9, 10, 11, 12, 13, 14 e 15 dias é apresentada nos quadros 4.7 a 4.12 e nas figuras 4.6 a 4.11.

4.2.5.1 Aparência

A variação no aspeto da hilsa inteira refrigerada com diferentes concentrações de extrato de gel de **A. vera** apresentou uma tendência decrescente durante a armazenagem refrigerada. O efeito de interação dos tratamentos e do período de armazenamento (dias) foi considerado significativo com um CV (%) de 0,808. Após 15 dias de armazenamento refrigerado, a pontuação mais alta (3,76 ± 0,07) foi registada no peixe tratado com extrato de gel de **A. vera a** 20% (T3). T1 e T2 registaram comparativamente uma pontuação mais baixa. O T0 registou a pontuação mais baixa (2,04 ± 0,57), como se pode ver na Tabela 4.7 e na Figura 4.6.

4.2.5.2 Cor

A cor do peixe inteiro também mostrou uma tendência decrescente durante o armazenamento refrigerado. A hilsa inteira tratada com 20 % de **A. vera** (T3) obteve a pontuação mais alta (3,81 ± 0,13), seguida por T2 (3,20 ± 0,05) e T1 (2,39 ± 0,12) após a conclusão de 15 dias de armazenamento refrigerado, conforme mostrado na Tabela 4.8 e na Figura 4.7. O efeito da interação entre os tratamentos e o período de armazenamento (dias) foi significativo, com um CV (%) de 0,909. O valor mais baixo (2,06 ± 0,07) foi apresentado pelo controlo (T0). Observou-se uma tendência decrescente da cor para todas as amostras com o aumento do período de armazenamento.

4.2.5.3 Gosto

As variações de sabor foram observadas na hilsa inteira refrigerada tratada com extrato de gel de **A. vera** e em branco. O sabor de todas as amostras apresentou uma tendência decrescente à medida que o período de armazenamento refrigerado avançava (Quadro 4.9 e Figura 4.8). O efeito de interação dos tratamentos e do período de armazenagem (dias) foi considerado significativo com um CV (%) de 0,806. O extrato de gel de **A. vera a** 20% (T3) tratado com hilsa inteira teve a pontuação mais elevada (9,88 ± 0,04) no primeiro dia e o valor desce para 3,79 ± 0,11 no final do período de armazenamento. T2 e T1 tiveram uma pontuação mais baixa de 3,17 ± 0,10 e 2,36 ± 0,10, respetivamente (média ± DP). O valor mais baixo de 2,03 ± 0,06 foi registado para o controlo T0 no final do período de armazenamento.

4.2.5.4 Odor

As variações de odor foram observadas na hilsa inteira tratada com extrato de gel de **A. vera** e em branco. A hilsa inteira tratada com extrato de gel de A. **vera tinha um** odor muito agradável, enquanto a hilsa inteira não tratada com extrato de gel de **A. vera** tinha um cheiro a peixe. O odor de todas as amostras apresentou uma tendência decrescente à medida que o período de armazenamento refrigerado avançava (Quadro 4.10 e Figura 4.9). O efeito de interação dos tratamentos e do período de armazenamento (dias) foi considerado significativo com um CV (%) de 1,384. O extrato obtido a 20% (T3) tratado com hilsa inteira teve a pontuação mais elevada (9,95 ± 0,05) no primeiro dia, que diminuiu para 3,74 ± 0,17 no final do período de armazenamento. T2, T1 e T0 obtiveram 9,92 ± 0,05, 9,91 ± 0,04 e 9,91 ± 0,04 respetivamente (média ± SD) que diminuíram para 3,24 ± 0,06, 2,33 ± 0,08 e 2,02 ± 0,05 respetivamente (média ± SD) no final do período de armazenamento.

4.2.5.5 Textura

A textura variou e a pontuação diminuiu à medida que o período de armazenamento refrigerado aumentou (Quadro 4.11 e Figura 4.10). Estatisticamente, foi observada uma diferença significativa na combinação de tratamentos com um CV (%) de 1,034. No final do período de armazenamento, todas as amostras de textura da amostra T3 obtiveram a pontuação mais elevada (3,78 ± 0,17), seguida de T2 e T1, que obtiveram 3,32 ± 0,07 e 2,31 ± 0,10, respetivamente (média ± DP). O tempo de armazenagem refrigerada reduziu gradualmente o valor da textura da hilsa inteira em todos os tratamentos. O T0 obteve o valor de textura mais baixo (2,01 ± 0,08) no final da armazenagem refrigerada.

4.2.5.6 Aceitação global:

A aceitabilidade global da hilsa inteira tratada com extrato de gel de **A. vera** para consumo diminuiu progressivamente à medida que o tempo de armazenagem refrigerada aumentou (Quadro 4.12 e Figura 4.11). O efeito de interação dos tratamentos e do período de armazenagem (dias) foi considerado significativo com um CV (%) de 2,305. O peixe inteiro tratado com extrato de gel de **A. vera** a 20% (T3) teve a pontuação mais alta (9,95 ± 0,03) no primeiro dia do período de armazenamento, seguido por T2, T1 e T0. Ao fim de 15 dias, os valores passaram para 2,00 ± 0,04, 2,37 ± 0,07, 3,31 ± 0,06 e 3,82 ± 0,12 para T0, T1, T2 e T3, respetivamente (média ± DP). Embora a aceitabilidade global tenha diminuído com o período de armazenamento, o desempenho dos peixes tratados foi comparativamente melhor do que o do controlo. Os peixes tratados com a concentração mais elevada apresentaram bons resultados, com menor diminuição do valor.

Quadro 4.7 Pontuações médias do painel para o aspeto da hilsa inteira durante a armazenagem refrigerada.

Storage period (days)	Chilled whole hilsa T0(BLANK)	Chilled whole hilsa treated with *Aloe vera* gel extract			Dx
		T1 (10%)	T2 (15%)	T3 (20%)	
0	9.92 ± 0.07	9.96 ± 0.02	9.97 ± 0.02	9.96 ± 0.02	**9.95** ± 0.03
1	9.26 ± 0.04	9.38 ± 0.03	9.54 ± 0.03	9.68 ± 0.02	**9.46** ± 0.03
2	8.21 ± 0.02	8.79 ± 0.09	8.91 ± 0.07	9.06 ± 0.04	**8.74** ± 0.05
3	7.79 ± 0.04	8.13 ± 0.02	8.52 ± 0.06	8.91 ± 0.07	**8.34** ± 0.05
4	7.12 ± 0.03	7.69 ± 0.03	7.99 ± 0.03	8.26 ± 0.04	**7.77** ± 0.03
5	6.59 ± 0.02	7.10 ± 0.04	7.36 ± 0.03	7.75 ± 0.02	**7.20** ± 0.03
6	6.08 ± 0.04	6.56 ± 0.02	7.06 ± 0.02	7.44 ± 0.02	**6.78** ± 0.02
7	5.66 ± 0.03	6.05 ± 0.02	6.44 ± 0.02	7.01 ± 0.05	**6.29** ± 0.03
8	5.05 ± 0.02	5.70 ± 0.02	6.04 ± 0.02	6.75 ± 0.02	**5.88** ± 0.02
9	4.75 ± 0.02	5.18 ± 0.02	5.80 ± 0.02	6.33 ± 0.06	**5.52** ± 0.03
10	4.35 ± 0.02	4.84 ± 0.01	5.34 ± 0.02	6.05 ± 0.03	**5.15** ± 0.02
11	3.97 ± 0.01	4.30 ± 0.02	5.05 ± 0.02	5.75 ± 0.02	**4.77** ± 0.02
12	3.48 ± 0.12	3.95 ± 0.14	4.46 ± 0.13	5.15 ± 0.12	**4.26** ± 0.13
13	2.94 ± 0.02	3.25 ± 0.05	3.96 ± 0.02	4.84 ± 0.02	**3.75** ± 0.03
14	2.25 ± 0.01	2.76 ± 0.02	3.53 ± 0.04	4.18 ± 0.03	**3.18** ± 0.02
15	2.04 ± 0.06	2.48 ± 0.13	3.21 ± 0.06	3.76 ± 0.07	**2.87** ± 0.08
Tx	**5.59** ± 0.03	**6.01** ± 0.04	**6.45** ± 0.04	**6.93** ± 0.04	

	S.Em. ±	C.D. at 5%	CV %
T	0.01	-	
D	0.06	0.177	0.808
T x D	0.02	0.062	

Storage period (days)	Chilled whole hilsa T0 (BLANK)	Chilled whole hilsa treated with *Aloe vera* gel extract			Dx
		T1 (10%)	T2 (15%)	T3 (20%)	
0	9.98 ± 0.02	9.99 ± 0.01	9.96 ± 0..06	9.97 ± 0.05	9.97 ± 0.03
1	9.25 ± 0.04	9.37 ± 0.03	9.53 ± 0.04	9.69 ± 0.02	9.46 ± 0.03
2	8.18 ± 0.02	8.81 ± 0.08	8.94 ± 0.02	9.19 ± 0.04	8.78 ± 0.04
3	7.79 ± 0.04	8.12 ± 0.16	8.52 ± 0.06	8.93 ± 0.02	8.34 ± 0.07
4	7.13 ± 0.03	7.70 ± 0.03	7.98 ± 0.03	8.27 ± 0.02	7.77 ± 0.03
5	6.58 ± 0.02	7.12 ± 0.03	7.37 ± 0.03	7.74 ± 0.03	7.20 ± 0.03
6	6.08 ± 0.04	6.55 ± 0.02	7.06 ± 0.02	7.44 ± 0.02	6.78 ± 0.02
7	5.67 ± 0.04	6.07 ± 0.01	6.44 ± 0.01	7.03 ± 0.02	6.30 ± 0.02
8	5.07 ± 0.03	5.71 ± 0.03	6.04 ± 0.01	6.75 ± 0.01	5.89 ± 0.02
9	4.73 ± 0.01	5.19 ± 0.02	5.74 ± 0.02	6.31 ± 0.02	5.49 ± 0.02
10	4.34 ± 0.02	4.86 ± 0.02	5.34 ± 0.02	6.07 ± 0.03	5.15 ± 0.02
11	3.93 ± 0.10	4.31 ± 0.02	5.07 ± 0.02	5.75 ± 0.12	3.51 ± 0.06
12	3.47 ± 0.15	3.91 ± 0.11	4.45 ± 0.09	5.18 ± 0.10	4.25 ± 0.11
13	2.95 ± 0.02	3.25 ± 0.02	3.95 ± 0.02	4.82 ± 0.11	3.74 ± 0.04
14	2.24 ± 0.02	2.75 ± 0.02	3.59 ± 0.11	4.19 ± 0.02	3.19 ± 0.04
15	2.06 ± 0.07	2.39 ± 0.12	3.20 ± 0.05	3.81 ± 0.13	2.87 ± 0.09
Tx	5.59 ± 0.04	6.01 ± 0.05	6.45 ± 0.04	6.95 ± 0.05	

	S.Em. ±	C.D. at 5%	CV %
T	0.01	-	
D	0.06	0.180	0.909
T x D	0.03	0.070	

Quadro 4.9 Pontuações médias do painel para o sabor da hilsa inteira durante a armazenagem refrigerada.

Storage period (days)	Chilled whole hilsa T0(BLANK)	Chilled whole hilsa treated with *Aloe vera* gel extract			Dx
		T1 (10%)	T2 (15%)	T3 (20%)	
0	9.82 ± 0.09	9.86 ± 0.05	9.88 ± 0.05	9.88 ± 0.04	**9.86** ± 0.06
1	9.22 ± 0.04	9.36 ± 0.03	9.52 ± 0.04	9.69 ± 0.02	**9.45** ± 0.03
2	8.17 ± 0.04	8.69 ± 0.04	8.82 ± 0.07	9.19 ± 0.05	**8.72** ± 0.05
3	7.78 ± 0.04	8.08 ± 0.11	8.52 ± 0.06	8.89 ± 0.09	**8.32** ± 0.08
4	7.12 ± 0.03	7.71 ± 0.03	7.97 ± 0.01	8.27 ± 0.02	**7.77** ± 0.02
5	6.55 ± 0.03	7.12 ± 0.02	7.37 ± 0.03	7.74 ± 0.02	**7.20** ± 0.03
6	6.07 ± 0.03	6.55 ± 0.02	7.06 ± 0.02	7.44 ± 0.01	**6.78** ± 0.02
7	5.67 ± 0.03	6.07 ± 0.02	6.44 ± 0.01	7.05 ± 0.02	**6.31** ± 0.02
8	5.05 ± 0.02	5.70 ± 0.02	6.04 ± 0.01	6.74 ± 0.01	**5.88** ± 0.01
9	4.72 ± 0.02	5.18 ± 0.02	5.75 ± 0.07	6.27 ± 0.08	**5.48** ± 0.05
10	4.35 ± 0.02	4.87 ± 0.02	5.35 ± 0.02	6.06 ± 0.02	**5.16** ± 0.02
11	3.95 ± 0.04	4.33 ± 0.02	5.07 ± 0.01	5.77 ± 0.01	**4.78** ± 0.02
12	3.46 ± 0.12	3.93 ± 0.10	4.43 ± 0.04	5.18 ± 0.09	**4.25** ± 0.09
13	2.94 ± 0.01	3.25 ± 0.02	3.94 ± 0.02	4.85 ± 0.01	**3.75** ± 0.01
14	2.19 ± 0.02	2.75 ± 0.01	3.52 ± 0.02	4.21 ± 0.01	**3.17** ± 0.02
15	2.03 ± 0.06	2.36 ± 0.10	3.17 ± 0.10	3.79 ± 0.11	**2.84** ± 0.09
Tx	**5.57** ± 0.04	**5.99** ± 0.04	**6.43** ± 0.04	**6.94** ± 0.04	

	S.Em. ±	C.D. at 5%	CV %
T	0.01	-	
D	0.06	0.176	0.806
T x D	0.02	0.062	

Quadro 4.10 Pontuação média do painel para o odor da hilsa inteira durante a armazenagem refrigerada.

Storage period (days)	Chilled whole hilsa T0(BLANK)	Chilled whole hilsa treated with *Aloe vera* gel extract			Dx
		T1 (10%)	T2 (15%)	T3 (20%)	
0	9.91 ± 0.04	9.91 ± 0.04	9.92 ± 0.05	9.95 ± 0.05	9.92 ± 0.04
1	9.22 ± 0.05	9.37±0 .04	9.54± 0.06	9.70 ± 0.03	9.46 ± 0.05
2	8.18 ± 0.04	8.72 ± 0.07	8.86 ± 0.03	9.20 ± 0.02	8.74 ± 0.04
3	7.72 ± 0.22	8.14 ± 0.25	8.48 ± 0.39	8.94 ± 0.02	8.32 ± 0.22
4	7.17 ± 0.04	7.69 ± 0.02	7.95 ± 0.02	8.27 ± 0.02	7.77 ± 0.02
5	6.54 ± 0.01	7.13 ± 0.02	7.36 ± 0.02	7.75 ± 0.02	7.19 ± 0.02
6	6.07 ± 0.02	6.56 ± 0.02	7.05 ± 0.02	7.43 ± 0.01	6.78 ± 0.02
7	5.52 ± 0.25	6.06 ± 0.02	6.43 ± 0.04	7.05 ± 0.02	6.26 ± 0.08
8	5.06 ± 0.02	5.74 ± 0.02	6.05 ± 0.01	6.74 ± 0.01	5.90 ± 0.01
9	4.74 ± 0.02	5.18 ± 0.01	5.75 ± 0.01	6.31 ± 0.01	5.50 ± 0.01
10	4.33 ± 0.01	4.85 ± 0.01	5.33 ± 0.01	6.06 ± 0.11	5.14 ± 0.03
11	3.95 ± 0.01	4.36 ± 0.02	5.07 ± 0.01	5.77 ± 0.01	4.79 ± 0.01
12	3.44 ± 0.14	3.91 ± 0.11	4.42 ± 0.13	5.16 ± 0.06	4.23 ± 0.11
13	2.95 ± 0.01	3.26 ± 0.02	3.95 ± 0.01	4.86 ± 0.02	3.75 ± 0.01
14	2.16 ± 0.01	2.75 ± 0.02	3.52 ± 0.02	4.21 ± 0.01	3.16 ± 0.02
15	2.02 ± 0.05	2.33 ± 0.08	3.24 ± 0.06	3.74 ± 0.17	2.83 ± 0.09
Tx	5.56 ± 0.06	6.00 ± 0.05	6.43 ± 0.06	6.95 ± 0.04	

	S.Em. ±	C.D. at 5%	CV %
T	0.02	-	
D	0.06	0.177	1.384
T x D	0.04	0.107	

Quadro 4.11 Pontuação média do painel para a textura da hilsa inteira durante a armazenagem refrigerada.

Storage period (days)	Chilled whole hilsa T0(BLANK)	Chilled whole hilsa treated with *Aloe vera* gel extract			Dx
		T1 (10%)	T2 (15%)	T3 (20%)	
0	9.91 ± 0.05	9.91 ± 0.06	9.91 ± 0.05	9.93 ± 0.05	**9.91 ± 0.05**
1	9.21 ± 0.05	9.36 ± 0.05	9.52 ± 0.06	9.69 ± 0.02	**9.45 ± 0.05**
2	8.18 ± 0.02	8.67 ± 0.01	8.82 ± 0.06	9.16 ± 0.04	**8.71 ± 0.03**
3	7.77 ± 0.02	8.17 ± 0.13	8.55 ± 0.06	8.94 ± 0.02	**8.36 ± 0.06**
4	7.17 ± 0.01	7.69 ± 0.02	7.96 ± 0.02	8.28 ± 0.03	**7.77 ± 0.02**
5	6.54 ± 0.02	7.12 ± 0.02	7.36 ± 0.01	7.75 ± 0.02	**7.19 ± 0.02**
6	6.06 ± 0.01	6.55 ± 0.02	7.06 ± 0.02	7.43 ± 0.02	**6.78 ± 0.02**
7	5.66 ± 0.03	6.06 ± 0.02	6.44 ± 0.01	7.04 ± 0.02	**6.30 ± 0.02**
8	5.06 ± 0.02	5.59 ± 0.29	6.04 ± 0.01	6.74 ± 0.02	**5.86 ± 0.08**
9	4.72 ± 0.02	5.18 ± 0.02	5.74 ± 0.02	6.31 ± 0.03	**5.49 ± 0.02**
10	4.34 ± 0.02	4.84 ± 0.02	5.34 ± 0.02	6.06 ± 0.03	**5.15 ± 0.02**
11	3.95 ± 0.02	4.35 ± 0.01	5.07 ± 0.01	5.75 ± 0.08	**4.78 ± 0.03**
12	3.44 ± 0.09	3.89 ± 0.13	4.43 ± 0.16	5.16 ± 0.11	**4.23 ± 0.12**
13	2.94 ± 0.01	3.25 ± 0.02	3.94 ± 0.01	4.86 ± 0.02	**3.75 ± 0.01**
14	2.17 ± 0.01	2.75 ± 0.02	3.52 ± 0.02	4.22 ± 0.01	**3.17 ± 0.02**
15	2.01 ± 0.08	2.31 ± 0.10	3.32 ± 0.07	3.78 ± 0.17	**2.85 ± 0.11**
Tx	**5.57 ± 0.03**	**5.98 ± 0.05**	**6.44 ± 0.04**	**6.94 ± 0.04**	

	S.Em. ±	C.D. at 5%	CV %
T	0.01	-	
D	0.06	0.180	1.034
T x D	0.03	0.80	

Quadro 4.12 Pontuação média do painel para a aceitabilidade global da hilsa inteira durante a armazenagem refrigerada.

Storage period (days)	Chilled whole hilsa T0(BLANK)	Chilled whole hilsa treated with *Aloe vera* gel extract			Dx
		T1 (10%)	T2 (15%)	T3 (20%)	
0	9.90 ± 0.04	9.92 ± 0.04	9.92 ± 0.05	9.95 ± 0.03	**9.92** ± 0.04
1	9.21 ± 0.02	9.37 ± 0.05	9.53 ± 0.03	9.70 ± 0.02	**9.45** ± 0.03
2	7.69 ± 0.18	8.50 ± 0.82	8.90 ± 0.20	9.00 ± 0.04	**8.52** ± 0.31
3	7.77 ± 0.24	8.16 ± 0.02	8.54 ± 0.03	8.94 ± 0.02	**8.35** ± 0.08
4	7.18 ± 0.01	7.69 ± 0.03	7.96 ± 0.02	8.26 ± 0.02	**7.77** ± 0.02
5	6.55 ± 0.01	7.14 ± 0.02	7.36 ± 0.01	7.75 ± 0.02	**7.20** ± 0.02
6	6.06 ± 0.02	6.56 ± 0.02	7.05 ± 0.02	7.43 ± 0.01	**6.77** ± 0.02
7	5.64 ± 0.01	6.05 ± 0.02	6.43 ± 0.02	7.05 ± 0.01	**6.29** ± 0.01
8	5.06 ± 0.01	5.74 ± 0.01	6.05 ± 0.02	6.75 ± 0.01	**5.90** ± 0.01
9	4.74 ± 0.02	5.20 ± 0.01	5.74 ± 0.01	6.31 ± 0.01	**5.50** ± 0.01
10	4.33 ± 0.01	4.84 ± 0.02	5.31 ± 0.10	6.18 ± 0.35	**5.17** ± 0.12
11	3.96 ± 0.01	4.35 ± 0.01	5.05 ± 0.14	5.73 ± 0.14	**4.77** ± 0.07
12	3.45 ± 0.13	3.92 ± 0.17	4.46 ± 0.10	5.21 ± 0.01	**4.26** ± 0.10
13	2.94 ± 0.02	3.05 ± 0.45	3.95 ± 0.01	4.86 ± 0.02	**3.70** ± 0.12
14	2.18 ± 0.01	2.85 ± 0.22	3.51 ± 0.02	4.20 ± 0.02	**3.19** ± 0.07
15	2.00 ± 0.04	2.37 ± 0.07	3.31 ± 0.06	3.82 ± 0.12	**2.88** ± 0.07
Tx	**5.54** ± 0.05	**5.98** ±	**6.44** ± 0.05	**6.95** ± 0.05	

	S.Em. ±	C.D. at 5%	CV %
T	0.03	0.00	
D	0.06	0.183	2.305
T x D	0.06	0.178	

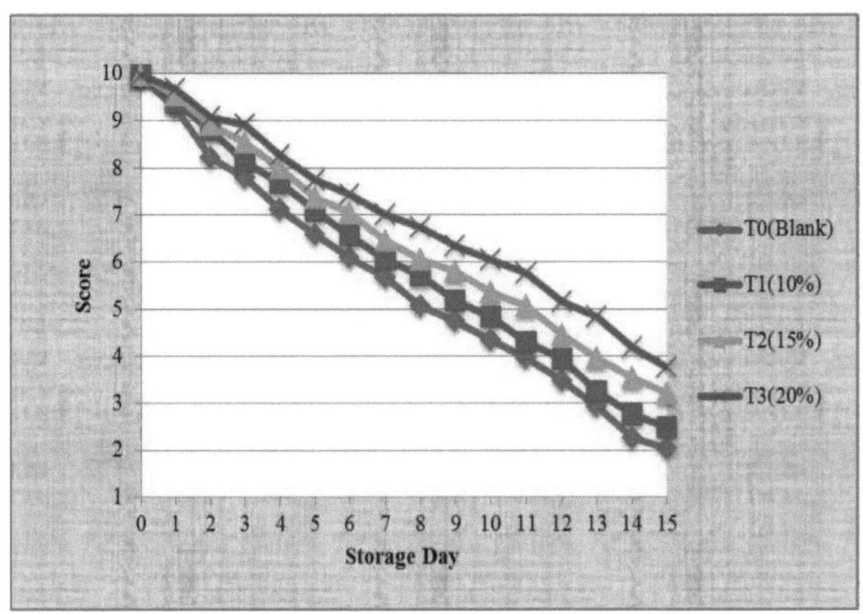

Figura 4.6 Alterações no aspeto durante o período de armazenagem refrigerada

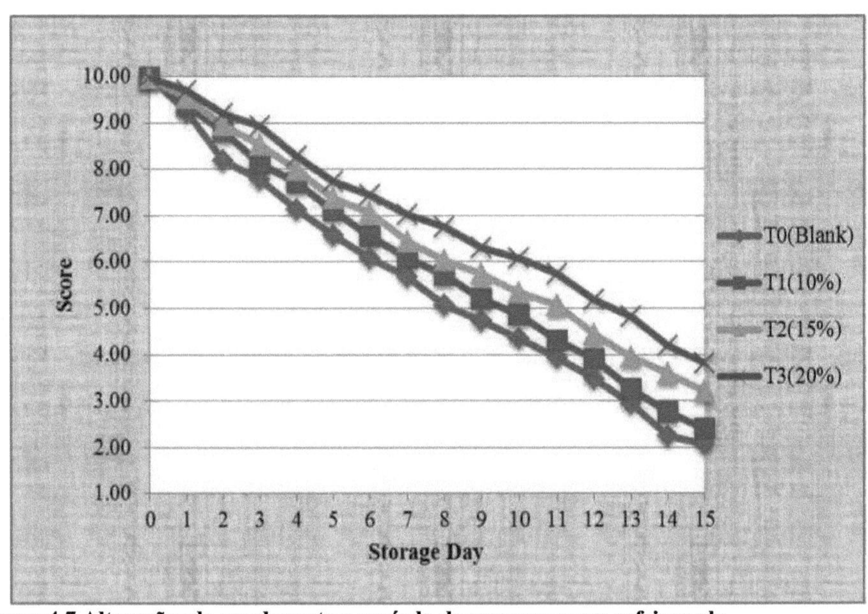

Figura 4.7 Alterações de cor durante o período de armazenagem refrigerada

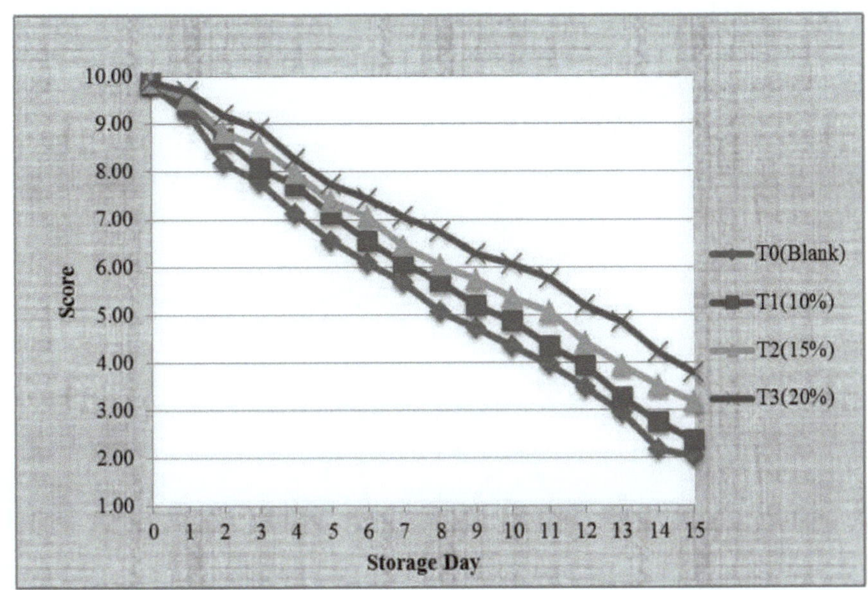

Figura 4.8 Alterações de sabor durante o período de armazenamento refrigerado

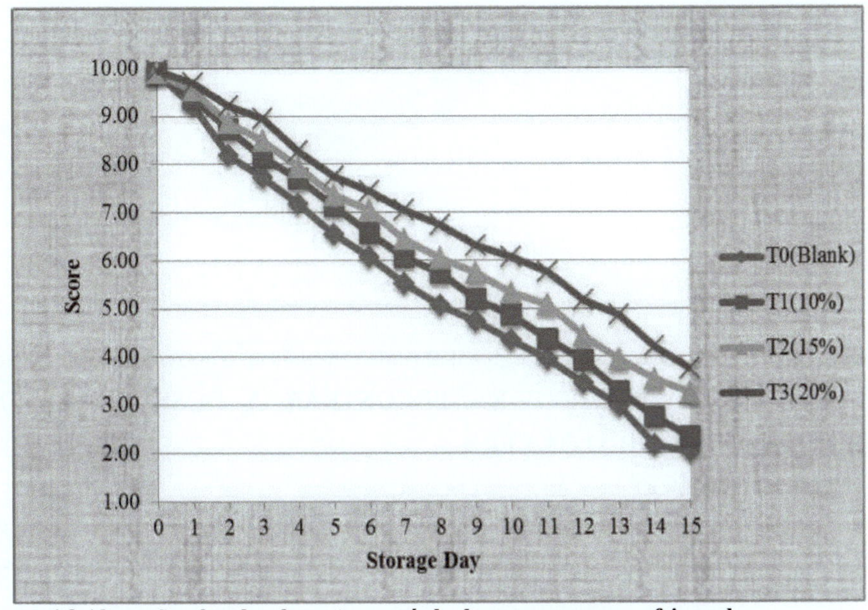

Figura 4.9 Alterações do odor durante o período de armazenagem refrigerada

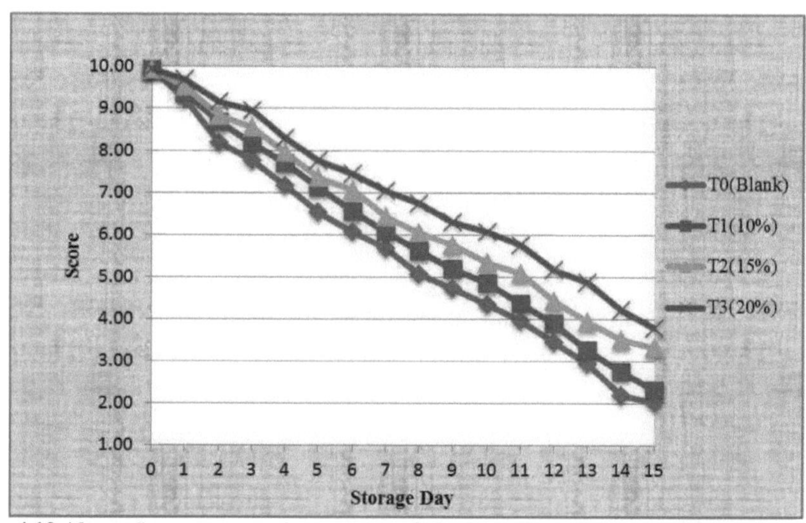

Figura 4.10 Alterações na textura durante o período de armazenamento refrigerado

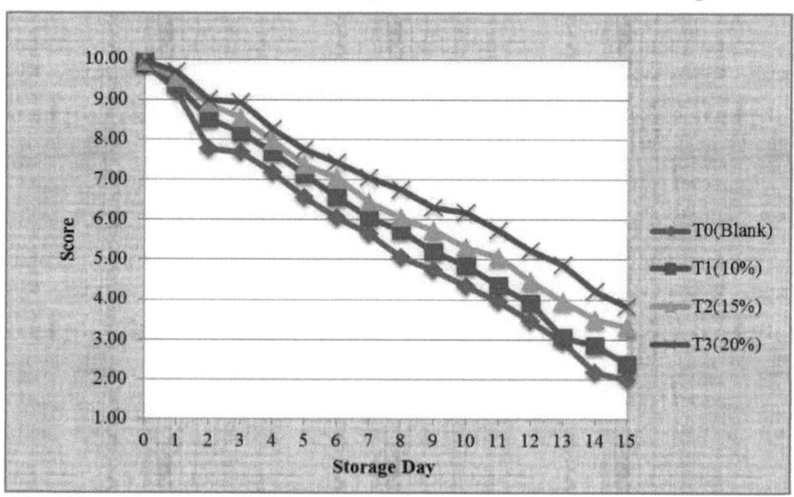

Figura 4.11 Alterações na aceitabilidade global durante o período de armazenagem refrigerada

4.3 EXPERIÊNCIA FINAL PARA ENCONTRAR A DOSE EFICAZ DE EXTRACTO DE GEL DE ALOÉ VERA

4.3.1 Características físicas

As características físicas do peixe fresco são apresentadas no quadro 4.13. Os peixes frescos mediram em média 22,30 ± 0,74 cm de comprimento total. O comprimento padrão do peixe foi de 17,63 ± 0,70 cm. O peso médio do peixe foi de 102,09 ± 2,63 g.

4.3.2 Composição proximal do peixe fresco Hilsa (Tenualosa ilisha)

A composição proximal média do peixe hilsa fresco como matéria-prima é apresentada na Tabela 4.13.

Os peixes foram capturados em **fevereiro de 2013** e foram considerados peixes gordos com um teor de gordura de 11,9 ± 0,96. O teor de humidade foi de cerca de 67,84 ± 0,23, o teor de proteínas foi de 18,25 ± 0,06 e o teor de cinzas foi de 1,82 ± 0,08.

4.3.3 Características químicas

4.3.3.1 Avaliação da frescura

Os peixes frescos foram avaliados quanto à sua qualidade através de parâmetros químicos, microbiológicos e sensoriais. As características químicas, tais como TMA-N, TVB-N, PV e valor de FFA, bem como as características microbiológicas e sensoriais são também apresentadas no Quadro 4.13.

Quadro 4.13 Características da matéria-prima (peixe Hilsa, Tenualosa ilisha)

A.		PHYSICAL CHARACTERISTICS	Mean ± S.D.
	1	Total Length (Cm)	22.30 ± 0.74
	2	Standard Length (Cm)	17.63 ± 0.70
	3	Weight of Fish (g)	102.09 ± 2.63
B.		PROXIMATE COMPOSITION	
	1	Moisture (%)	67.84 ± 0.23
	2	Total Protein (%)	18.25 ± 0.06
	3	Total Lipid (%)	11.9 ± 0.96
	4	Total Ash (%)	1.82 ± 0.08
C.		CHEMICAL CHARACTERISTICS	
	1	TMA-N (mg %)	1.43 ± 0.21
	2	TVB-N (mg %)	7.34 ± 0.29
	3	PV (m.equ./kg of fat)	0.65 ± 0.16
	4	FFA value (% of oleic acid)	1.16 ± 0.014
D.		MICROBIOLOGICAL CHARACTERISTIC	
		TPC (cfu per log) of sample	4.9753 ± 0.05
E.		SENSORY CHARACTERISTICS	
	1	Appearance	9.89 ± 0.05
	2	Colour	9.96 ± 0.016
	3	Taste	9.85 ± 0.032
	4	Odour	9.9 ± 0.031
	5	Texture	9.83 ± 0.054
	6	Over all acceptability	9.96 ± 0.016

4.4 ALTERAÇÕES BIOQUÍMICAS

4.4.1 TMA-N

Na segunda experiência para encontrar a dose eficaz de tratamento, as alterações no conteúdo de TMA-N no controlo (T0) e nas amostras de hilsa inteira refrigerada tratada com **A. vera** de 18% (T1), 20% (T2) e 22% (T3) mostraram tendências crescentes com os períodos de armazenamento (Tabela 4.14 e Figura 4.12).

A hilsa inteira refrigerada de controlo (T0) tinha teores mais elevados de TMA-N bem acima do limite crítico em comparação com outras amostras de hilsa inteira refrigerada tratadas com **A. vera. A** concentração de 22% de **A. vera** mostrou um maior efeito inibitório no nível de TMA-N em comparação com outros tratamentos de 18% e 20% de solução de extrato de gel de **A. vera.**

Quanto maior a concentração de extrato de gel de **A. vera,** menor o nível de TMA-N. Nenhuma das amostras, exceto o controlo, apresentou um nível de TMA-N que excedesse o limite de aceitabilidade no final do período de armazenamento refrigerado. O efeito de interação entre os tratamentos e o período de armazenamento (dias) foi considerado significativo, com um CV (%) de 3,164.

4.4.2 TVB-N

As alterações no teor de TVB-N no controlo (T0) e com diferentes concentrações de extrato de gel de **A. vera no** tratamento de hilsa inteira refrigerada de 18% (T1), 20% (T2) e 22% (T3) mostraram tendências de aumento progressivo com o aumento dos períodos de armazenamento refrigerado (Tabela 4.15 e Figura 4.13).

O efeito de interação dos tratamentos e do período de armazenamento (dias) foi considerado significativo com um CV (%) de 2,837. O TVB-N de T0, T1, T2 e T3 variou entre 7,42 ± 0,09 (mg/100g) e 28,98 ± 0,80 (mg/100g), 7,35 ± 0,11 (mg/100g) e 23,24 ± 0,91 (mg/100g), 7,36 ± 0,13 (mg/100g) e 20,79 ± 0,28 (mg/100g) e 7,35 ± 0,11 (mg/100g) e 19,78 ± 0,34 (mg/100g), respetivamente, durante o período de armazenamento refrigerado.

No entanto, o nível de TVB-N não ultrapassou o limite aceitável em nenhum dos grupos. O nível mais baixo de TVB-N no final dos 15 dias de estudo foi observado na hilsa inteira tratada com 22% (T3), seguida de 20% (T2), 18% (T1) e controlo. O efeito da concentração do extrato de gel de **A. vera** na diminuição do nível de TVB-N foi muito óbvio na amostra. Quanto maior a concentração do tratamento, menor o nível de TVB-N.

Quadro 4.14 Alterações do TMA-N (mg/100g) na hilsa inteira durante a armazenagem refrigerada

Storage period (days)	Chilled whole hilsa T0 (BLANK)	Chilled whole hilsa treated with *A. vera* gel extract			Dx
		T1 (18%)	T2 (20%)	T3 (22%)	
0	1.60 ± 0.10	1.60 ± 0.10	1.47 ± 0.11	1.50 ± 0.16	**1.54** ± 0.12
3	4.05 ± 0.06	3.34 ± 0.17	2.80 ± 0.25	2.24 ± 0.07	**3.13** ± 0.14
6	5.70 ± 0.33	4.84 ± 0.21	4.07 ± 0.13	3.50 ± 0.14	**4.53** ± 0.21
9	8.19 ± 0.16	7.04 ± 0.26	5.84 ± 0.15	5.38 ± 0.24	**6.61** ± 0.20
12	10.78 ± 0.20	9.32 ± 0.08	8.34 ± 0.16	7.62 ± 0.24	**9.02** ± 0.17
15	16.37 ± 0.29	13.43 ± 0.20	12.14 ± 0.28	11.47 ± 0.33	**13.35** ± 0.28
Tx	7.78 ± 0.19	**6.61** ± 0.17	**5.78** ± 0.18	**5.28** ± 0.20	

	S.Em. ±	C.D. at 5%	CV %
T	0.05	-	
D	0.29	0.879	3.164
T x D	0.09	0.253	

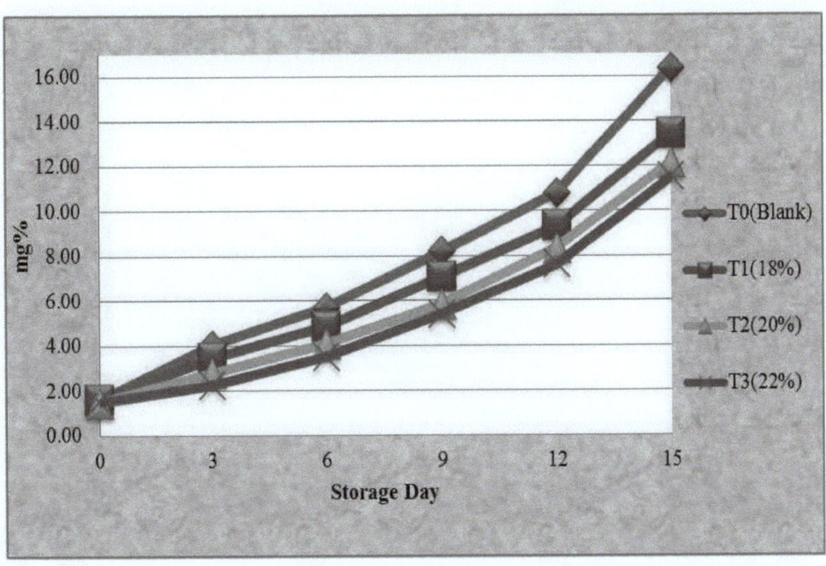

Figura 4.12 Alterações no TMA-N durante o período de armazenagem refrigerada

Quadro 4.15 Alterações de TVB-N (mg/100g) na hilsa inteira durante a armazenagem refrigerada

Storage period (days)	Chilled whole hilsa T0 (BLANK)	Chilled whole hilsa treated with *A. vera* gel extract			Dx
		T1 (18%)	T2 (20%)	T3 (22%)	
0	7.42 ± 0.09	7.35 ± 0.11	7.36 ± 0.13	7.35 ± 0.11	**7.37** ± 0.11
3	10.23 ± 0.19	9.02 ± 0.20	8.06 ± 0.19	7.46 ± 0.15	**8.69** ± 0.18
6	12.85 ± 0.24	10.56 ± 0.70	9.42 ± 0.14	8.81 ± 0.22	**10.41** ± 0.32
9	14.77 ± 0.19	12.46 ± 0.24	11.69 ± 0.80	10.96 ± 0.19	**12.47** ± 0.36
12	21.73 ± 0.13	18.76 ± 0.38	16.87 ± 0.22	15.97 ± 0.18	**18.33** ± 0.23
15	28.98 ± 0.80	23.24 ± 0.91	20.79 ± 0.28	19.78 ± 0.34	**23.20** ± 0.58
Tx	**16.00** ± 0.27	**13.56** ± 0.27	**12.37** ± 0.30	**11.72** ± 0.20	

	S.Em. ±	C.D. at 5%	CV %
T	0.09	-	
D	0.56	1.696	2.837
T x D	0.17	0.478	

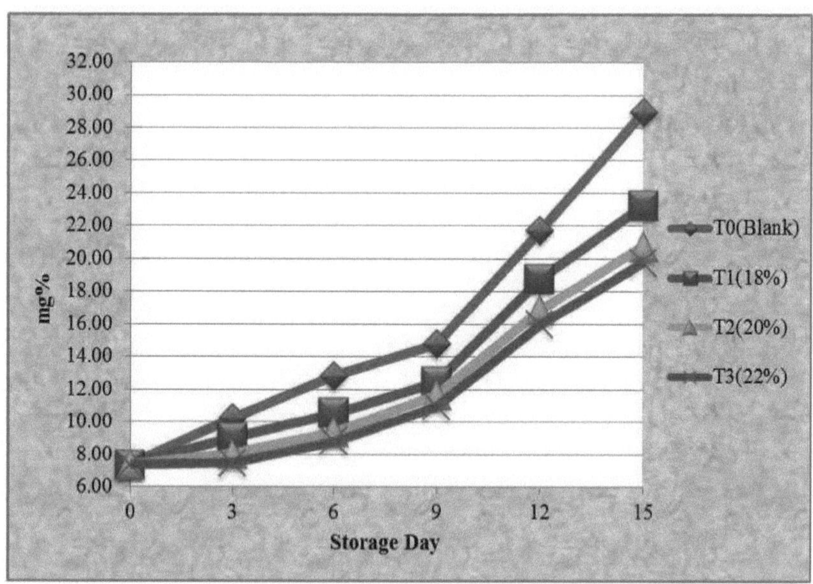

Figura 4.13 Alterações no TVB-N durante o período de armazenagem refrigerada

4.4.3 Índices de Rancidez

4.4.3.1 Ácidos gordos livres (FFA)

O teor de AGL apresentou tendências de aumento lento em todas as amostras durante os períodos de armazenamento refrigerado (Tabela 4.16 e Figura 4.14). O efeito de interação entre os tratamentos e o período de armazenamento (dias) foi considerado significativo com um CV (%) de 1,755.

O valor inicial de AGL em T0 foi de 1,17 ± 0,01%, sendo 1,17 ± 0,01%, 1,17 ± 0,01% e 1,16 ± 0,01% quase o mesmo em T1, T2 e T3, respetivamente. No final do período de armazenamento, os valores de AGL foram de 4,95 ± 0,10, 3,85 ± 0,06, 3,18 ± 0,06 e 2,98 ± 0,06 em T0, T1, T2 e T3, respetivamente (média ± SD). Verificou-se que o tratamento com 22% de extrato de gel de **A. vera era** mais eficaz no controlo da formação de AGL.

Aqui também, a supressão da formação de AGL com o aumento da concentração do extrato de gel de **A. vera** foi evidente.

4.3.3.2 Índice de peróxidos (PV)

As alterações no teor de índice de peróxido (PV) nas amostras T0, T1, T2 e T3 de hilsa inteira refrigerada durante o período de armazenamento refrigerado são mostradas na Tabela 4.17 e na Figura 4.15.

Também seguiu a tendência dos AGL, mas com flutuação intermitente. Em T0, o valor inicial foi de 0,71 ± 0,12 m.equ./kg e em T1, T2 e T3 foi de 0,64 ± 0,16 m.equ./kg, 0,66 ± 0,11 m.equ./kg e 0,66 ± 0,09 m.equ./kg, respetivamente, todos bem dentro do limite de aceitabilidade.

No final do período de armazenamento refrigerado de 15th dias, o índice de peróxidos (PV) foi de 4,39 ± 0,12m.equ./kg, em T0 e em T1, T2, T3 foi de 3,25 ± 0,12 m.equ./kg, 2,48 ± 0,17m.equ./kg e 2,17 ± 0,09 m.equ./kg, respetivamente (média ± DP). O efeito da interação entre os tratamentos e o período de armazenamento (dias) foi significativo, com um CV (%) de 7,296.

Quadro 4.16 Alterações no ácido gordo livre (% ácido oleico) em Hilsa inteira durante a armazenagem refrigerada.

Storage period (days)	Chilled Whole hilsa T0(BLANK)	Chilled Whole hilsa treated with *A. vera* gel extract.			Dx
		T1 (18%)	T2 (20%)	T3 (22%)	
0	1.17 ± 0.01	1.17 ± 0.01	1.17 ± 0.01	1.16 ± 0.01	1.17 ± 0.01
3	1.32 ± 0.02	1.25 ± 0.01	1.21 ± 0.01	1.18 ± 0.01	1.24 ± 0.01
6	1.55 ± 0.01	1.43 ± 0.02	1.34 ± 0.03	1.27 ± 0.02	1.40 ± 0.02
9	1.75 ± 0.01	1.58 ± 0.01	1.47 ± 0.01	1.42 ± 0.01	1.55 ± 0.01
12	2.99 ± 0.05	2.62 ± 0.01	2.39 ± 0.01	2.21 ± 0.02	2.55 ± 0.02
15	4.95 ± 0.10	3.85 ± 0.06	3.18 ± 0.06	2.98 ± 0.06	3.74 ± 0.07
Tx	2.29 ± 0.03	1.98 ± 0.02	1.79 ± 0.02	1.70 ± 0.02	

	S.Em. ±	C.D. at 5%	CV %
T	0.01		
D	0.13	0.405	1.755
T x D	0.02	0.043	

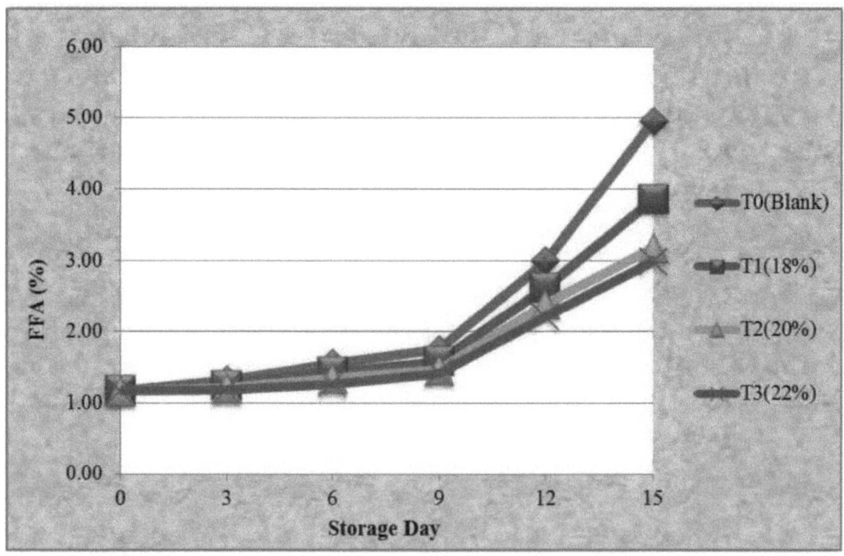

Figura 4.14 Alterações nos AGL (%) durante o período de armazenagem refrigerada

Quadro 4.17 Alterações no índice de peróxidos (m.equ./kg) na hilsa inteira durante a armazenagem refrigerada.

Storage period (days)	Chilled whole hilsa T0(BLANK)	Chilled whole hilsa treated with *A. vera* gel extract			Dx
		T1 (18%)	T2 (20%)	T3 (22%)	
0	0.71 ± 0.12	0.64 ± 0.16	0.66 ± 0.11	0.66 ± 0.09	**0.67** ± 0.12
3	1.04 ± 0.07	0.89 ± 0.08	0.76 ± 0.03	0.72 ± 0.12	**0.85** ± 0.07
6	1.37 ± 0.09	1.01 ± 0.05	0.86 ± 0.07	0.82 ± 0.11	**1.01** ± 0.08
9	1.81 ± 0.10	1.52 ± 0.14	1.32 ± 0.17	1.30 ± 0.14	**1.49** ± 0.14
12	3.12 ± 0.11	2.64 ± 0.13	2.16 ± 0.13	1.92 ± 0.13	**2.46** ± 0.13
15	4.39 ± 0.12	3.25 ± 0.12	2.48 ± 0.17	2.17 ± 0.09	**3.08** ± 0.12
Tx	**2.07** ± 0.10	**1.66** ± 0.11	**1.37** ± 0.12	**1.26** ± 0.11	

	S.Em. ±	C.D. at 5%	CV %
T	0.03		
D	0.14	0.433	7.296
T x D	0.05	0.146	

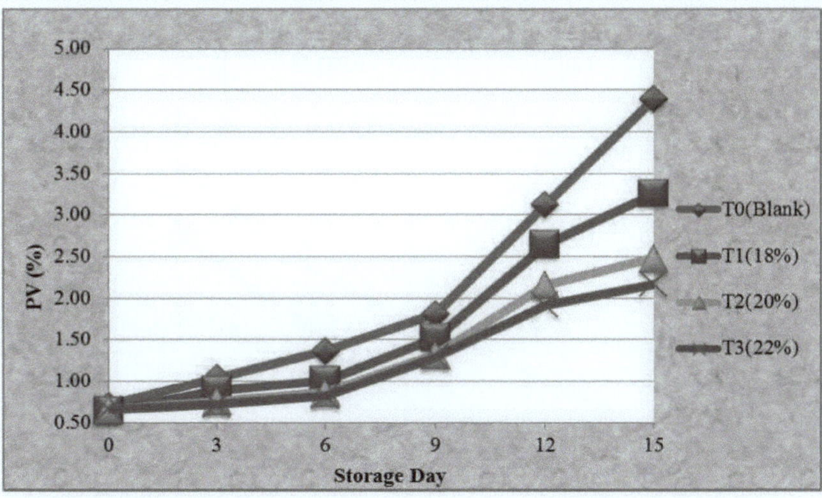

Figura 4.15 Alterações no PV (%) durante o período de armazenagem refrigerada

4.4.4 Característica microbiológica

4.4.4.1 Contagem total de placas (TPC)

Os valores iniciais de TPC em todas as amostras eram mais ou menos os mesmos, que mostraram uma tendência de inclinação com o aumento dos dias do período de armazenamento refrigerado (Tabela 4.18 e Figura 4.16). Observou-se um aumento acentuado em relação ao tratamento com 22% de extrato de gel de A. vera, seguido de 20%, 18% e branco. O efeito de interação dos tratamentos e do período de armazenamento foi considerado significativo com CV (%) 0,785.

Quadro 4.18 Alterações na contagem total de placas (cfu/log) em hilsa inteira durante a armazenagem refrigerada.

Storage period (days)	Chilled whole hilsa T0(BLANK)	Chilled whole hilsa treated with *A. vera* gel extract.			Dx
		T1 (18%)	T2 (20%)	T3 (22%)	
0	2.37 ± 0.02	2.33 ± 0.02	2.31 ± 0.02	2.32 ± 0.03	2.33 ± 0.03
3	3.81 ± 0.01	2.66 ± 0.02	2.60 ± 0.03	2.56 ± 0.02	2.91 ± 0.02
6	4.40 ± 0.03	3.54 ± 0.03	3.14 ± 0.06	2.98 ± 0.03	3.51 ± 0.03
9	4.91 ± 0.03	3.95 ± 0.02	3.69 ± 0.03	3.61 ± 0.03	4.04 ± 0.03
12	5.60 ± 0.02	4.95 ± 0.02	4.55 ± 0.04	4.41 ± 0.03	4.88 ± 0.02
15	6.66 ± 0.03	5.83 ± 0.03	4.96 ± 0.01	4.87 ± 0.02	5.58 ± 0.03
Tx	4.63 ± 0.02	3.88 ± 0.02	3.54 ± 0.03	3.46 ± 0.03	

	S.Em. ±	C.D. at 5%	CV %
T	0.01	-	
D	0.12	0.356	0.785
T x D	0.01	0.038	

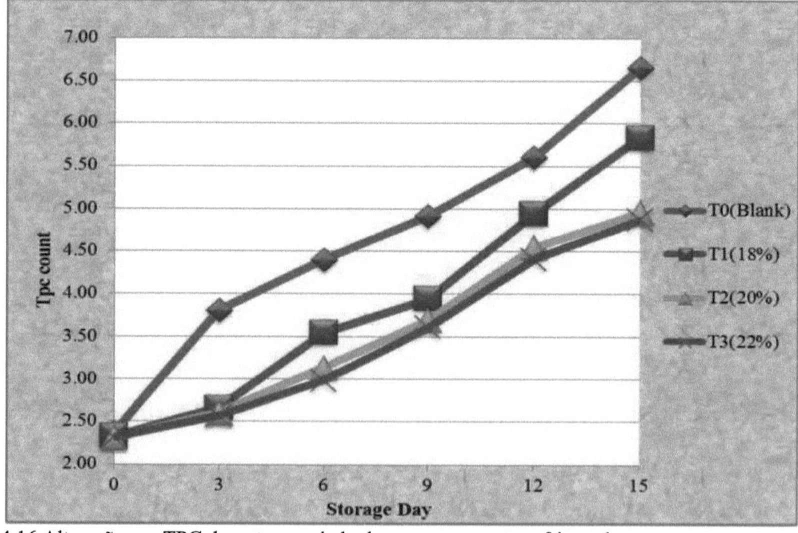

Figura 4.16 Alterações no TPC durante o período de armazenamento refrigerado.

4.4.5 Características sensoriais

As amostras foram analisadas quanto ao aspeto, cor, sabor, odor, textura e aceitabilidade global. A pontuação média dos painéis para as amostras de hilsa inteira refrigerada dos dias Cru, 0, 1, 2, 3, 4, 5, 6, 7, 8, 9, 10, 11, 12, 13, 14 e 15 é apresentada no Quadro 4.19 a 4.24 e na Figura 4.17 a 4.22.

4.4.5.1 Aparência

O aspeto da hilsa inteira tratada com extrato de gel de **A. vera** diminuiu progressivamente à medida que o tempo de armazenamento refrigerado aumentou (Quadro 4.19 e Figura 4.17). O efeito de interação dos tratamentos e do período de armazenagem (dias) foi considerado significativo com um CV (%) de 1,488. O peixe inteiro tratado com extrato de gel de **A. vera** a 22% (T3) teve uma pontuação (9,89 ± 0,15) no primeiro dia do período de armazenamento, seguido por T2, T1 e T0. No final de 15 dias os valores diminuíram para 2,10 ± 0,05, 2,89 ± 0,08, 3,85 ± 0,12 e 3,99 ± 0,03 para T0, T1, T2 e T3 respetivamente (média ± SD). Embora a aparência tenha diminuído com o período de armazenamento, o desempenho dos peixes tratados foi comparativamente melhor do que o do controlo. A concentração mais elevada de peixe tratado apresentou bons resultados, com uma diminuição menor do valor.

4.4.5.2 Cor

A cor variou e a pontuação diminuiu com o aumento do período de armazenamento refrigerado (Quadro 4.20 e Figura 4.18). Estatisticamente, foi observada uma diferença significativa na combinação de tratamentos com um CV (%) de 1,135. No final da armazenagem, entre todas as amostras, a cor da amostra T3 foi a mais elevada (4,00 ± 0,04), seguida das amostras T2 e T1, com 3,78 ± 0,16 e 3,05 ± 0,04, respetivamente (média ± DP). O tempo de armazenamento refrigerado reduziu gradualmente o valor da cor da hilsa inteira em todos os tratamentos. O T0 registou o valor de cor mais baixo (2,11 ± 0,04) no final da armazenagem refrigerada.

4.4.5.3 Gosto

As variações de sabor foram observadas na hilsa inteira refrigerada tratada com extrato de gel de **A. vera** e em branco. O sabor de todas as amostras apresentou uma tendência decrescente à medida que o período de armazenamento refrigerado avançava (Quadro 4.21 e Figura 4.19). O efeito de interação dos tratamentos e do período de armazenagem (dias) foi considerado significativo com um CV (%) de 1,247. O extrato de gel de **A. vera** a 22 % (T3) tratado com hilsa inteira teve uma pontuação (9,80 ± 0,20) no primeiro dia e o valor desceu para 3,98 ± 0,10 no final do período de armazenamento. T2 e T1 tiveram uma pontuação mais baixa de 3,87 ± 0,16 e

2,95 ± 0,12, respetivamente (média ± DP). O valor mais baixo de 2,10 ± 0,06 foi registado para o controlo T0 no final do período de armazenamento.

4.4.5.4 Odor

As variações de odor foram observadas na hilsa inteira tratada com extrato de gel de **A. ver**a e em branco. A hilsa inteira tratada com extrato de gel de A. **vera tinha um** odor muito agradável, enquanto a hilsa inteira não tratada com extrato de gel de **A. vera** tinha um cheiro a peixe. O odor de todas as amostras apresentou uma tendência decrescente de pontuação à medida que o período de armazenamento refrigerado progredia (Quadro 4.22 e Figura 4.20). O efeito de interação dos tratamentos e do período de armazenamento (dias) foi considerado significativo com um CV (%) de 1,190. A hilsa inteira tratada com extrato de gel a 22 % (T3) teve uma pontuação (9,84 ± 0,17) no primeiro dia, que diminuiu para 3,97 ± 0,12 no final do período de armazenamento. T2, T1 e T0 obtiveram 9,85 ± 0,12, 9,86 ± 0,17 e 9,91 ± 0,03, respetivamente (média ± DP), que diminuíram para 3,80 ± 0,09, 3,00 ± 0,06 e 2,09 ± 0,10, respetivamente (média ± DP) no final do período de armazenagem.

4.4.5.5 Textura

A variação na textura da hilsa inteira refrigerada com diferentes concentrações de extrato de gel de **A. vera** apresentou uma tendência decrescente durante a armazenagem refrigerada. O efeito de interação dos tratamentos e do período de armazenamento (dias) foi considerado significativo com um CV (%) de 1,034. Após 15 dias de armazenamento refrigerado, a pontuação mais elevada (4,03 ± 0,14) foi registada no peixe tratado com extrato de gel de **A. vera a** 22% (T3). T1 e T2 registaram comparativamente uma pontuação mais baixa. T0 teve a pontuação mais baixa (2,11 ± 0,03), como mostra a Tabela 4.23 e a Figura 4.21.

4.4.5.6 Aceitação global:

A aceitabilidade geral do peixe inteiro também mostrou uma tendência decrescente durante o armazenamento refrigerado. A hilsa inteira tratada com 22% de **A. vera** (T3) obteve a pontuação mais alta (3,99 ± 0,14), seguida por T2 (3,85 ± 0,15) e T1 (2,97 ± 0,1312) após a conclusão de 15 dias de armazenamento refrigerado, conforme mostrado na Tabela 4.24 e na Figura 4.22. O efeito de interação entre os tratamentos e o período de armazenamento (dias) foi considerado significativo com um CV (%) de 1,213. O valor mais baixo (2,08 ± 0,07) foi apresentado pelo controlo (T0). Verificou-se uma tendência decrescente da aceitabilidade global para todas as amostras com o aumento do período de armazenamento.

Quadro 4.19 Pontuações médias do painel para o aspeto da hilsa inteira durante a armazenagem refrigerada.

Storage period (days)	Chilled whole hilsa T0(BLANK)	Chilled whole hilsa treated with *Aloe vera* gel extract			Dx
		T1 (18%)	T2 (20%)	T3 (22%)	
0	9.86 ± 0.12	9.87 ± 0.17	9.85 ± 0.23	9.89 ± 0.15	9.87 ± 0.17
1	9.06 ± 0.02	9.41 ± 0.04	9.52 ± 0.02	9.66 ± 0.03	9.41 ± 0.03
2	8.16 ± 0.03	8.92 ± 0.12	9.05 ± 0.11	9.18 ± 0.11	8.83 ± 0.09
3	7.72 ± 0.02	8.68 ± 0.05	8.92 ± 0.02	9.02 ± 0.01	8.58 ± 0.02
4	7.09 ± 0.02	7.99 ± 0.45	8.17 ± 0.01	8.32 ± 0.01	7.90 ± 0.12
5	6.60 ± 0.12	7.31 ± 0.04	7.40 ± 0.18	7.94 ± 0.04	7.31 ± 0.10
6	6.05 ± 0.02	6.81 ± 0.02	7.25 ± 0.03	7.62 ± 0.03	6.97 ± 0.02
7	5.60 ± 0.02	6.49 ± 0.10	7.04 ± 0.02	7.26 ± 0.05	6.60 ± 0.04
8	5.03 ± 0.02	6.02 ± 0.01	6.71 ± 0.02	7.02 ± 0.01	6.20 ± 0.02
9	4.63 ± 0.08	5.87 ± 0.04	6.36 ± 0.02	6.55 ± 0.04	5.85 ± 0.04
10	4.20 ± 0.02	5.42 ± 0.03	6.00 ± 0.03	6.14 ± 0.02	5.44 ± 0.02
11	3.81 ± 0.05	4.94 ± 0.04	5.57 ± 0.06	5.79 ± 0.03	5.03 ± 0.04
12	3.42 ± 0.09	4.21 ± 0.10	4.92 ± 0.13	5.20 ± 0.17	4.44 ± 0.12
13	2.88 ± 0.08	3.89 ± 0.09	4.56 ± 0.07	4.89 ± 0.09	4.06 ± 0.08
14	2.34 ± 0.02	3.43 ± 0.12	4.17 ± 0.09	4.37 ± 0.05	3.58 ± 0.07
15	2.10 ± 0.05	2.89 ± 0.08	3.85 ± 0.12	3.99 ± 0.03	3.21 ± 0.07
Tx	5.53 ± 0.05	6.38 ± 0.09	6.84 ± 0.07	7.05 ± 0.05	

	S.Em. ±	C.D. at 5%	CV %
T	0.02	-	
D	0.07	0.199	1.488
T x D	0.04	0.119	

Storage period (days) T0(BLANK)	Chilled whole hilsa T0(BLANK)	Chilled whole hilsa treated with *Aloe vera* gel extract			Dx
		T1 (18%)	T2 (20%)	T3 (22%)	
0	9.96 ± 0.01	9.97 ± 0.01	9.94 ± 0.04	9.95 ± 0.05	9.96 ± 0.03
1	9.05 ± 0.03	9.43 ± 0.01	9.60 ± 0.02	9.65 ± 0.01	9.43 ± 0.02
2	8.20 ± 0.07	8.94 ± 0.02	9.17 ± 0.03	9.22 ± 0.03	8.88 ± 0.04
3	7.72 ± 0.03	8.24 ± 0.03	8.74 ± 0.04	8.93 ± 0.03	8.41 ± 0.03
4	7.09 ± 0.01	7.80 ± 0.03	8.31 ± 0.26	8.32 ± 0.03	7.88 ± 0.08
5	6.53 ± 0.03	7.31 ± 0.03	7.60 ± 0.25	7.96 ± 0.01	7.35 ± 0.08
6	6.06 ± 0.02	6.74 ± 0.03	7.42 ± 0.02	7.63 ± 0.03	6.96 ± 0.02
7	5.62 ± 0.02	6.52 ± 0.03	7.03 ± 0.03	7.24 ± 0.01	6.60 ± 0.02
8	5.04 ± 0.02	6.03 ± 0.02	6.68 ± 0.04	6.97 ± 0.01	6.18 ± 0.02
9	4.62 ± 0.03	5.85 ± 0.02	6.36 ± 0.02	6.57 ± 0.04	5.85 ± 0.03
10	4.18 ± 0.03	5.41 ± 0.04	5.99 ± 0.05	6.12 ± 0.06	5.43 ± 0.04
11	3.85 ± 0.02	4.89 ± 0.03	5.59 ± 0.05	5.82 ± 0.13	5.04 ± 0.06
12	3.41 ± 0.10	4.23 ± 0.12	4.99 ± 0.12	5.18 ± 0.10	4.45 ± 0.11
13	2.85 ± 0.11	3.87 ± 0.12	4.49 ± 0.11	4.86 ± 0.10	4.02 ± 0.11
14	2.29 ± 0.09	3.51 ± 0.10	4.18 ± 0.05	4.35 ± 0.06	3.58 ± 0.08
15	2.11 ± 0.04	3.05 ± 0.04	3.78 ± 0.16	4.00 ± 0.04	3.23 ± 0.07
	5.54 ± 0.04	6.36 ± 0.04	6.87 ± 0.08	7.05 ± 0.05	

	S.Em. ±	C.D. at 5%	CV %
T	0.02	-	
D	0.07	0.192	1.135
T x D	0.03	0.091	

Quadro 4.21 Pontuação média do painel para o sabor da hilsa inteira durante a armazenagem refrigerada.

Storage period (days)	Chilled whole hilsa T0(BLANK)	Chilled whole hilsa treated with *Aloe vera* gel extract			Dx
		T1 (18%)	T2 (20%)	T3 (22%)	
0	9.83 ± 0.05	9.84 ± 0.03	9.87 ± 0.03	9.80 ± 0.20	**9.84** ± 0.08
1	9.01 ± 0.10	9.36 ± 0.02	9.45 ± 0.02	9.53 ± 0.03	**9.34** ± 0.04
2	8.12 ± 0.09	8.85 ± 0.03	9.06 ± 0.01	9.17 ± 0.02	**8.80** ± 0.04
3	7.73 ± 0.02	8.22 ± 0.13	8.70 ± 0.02	8.90 ± 0.03	**8.39** ± 0.05
4	7.10 ± 0.03	7.80 ± 0.02	8.18 ± 0.01	8.32 ± 0.01	**7.85** ± 0.02
5	6.50 ± 0.03	7.30 ± 0.03	7.73 ± 0.02	7.95 ± 0.02	**7.37** ± 0.03
6	6.06 ± 0.02	6.75 ± 0.03	7.40 ± 0.03	7.63 ± 0.03	**6.96** ± 0.03
7	5.60 ± 0.02	6.48 ± 0.04	7.00 ± .0.03	7.21 ± 0.07	**6.57** ± 0.04
8	5.03 ± 0.02	6.03 ± 0.02	6.66 ± 0.03	6.97 ± 0.03	**6.17** ± 0.02
9	4.61 ± 0.04	5.82 ± 0.07	6.32 ± 0.05	6.57 ± 0.03	**5.83** ± 0.05
10	4.19 ± 0.03	5.39 ± 0.04	6.00 ± 0.03	6.18 ± 0.02	**5.44** ± 0.03
11	3.80 ± 0.11	4.83 ± 0.19	5.55 ± 0.14	5.77 ± 0.01	**4.99** ± 0.11
12	3.46 ± 0.12	4.17 ± 0.21	4.85 ± 0.10	5.25 ± 0.17	**4.43** ± 0.15
13	2.86 ± 0.10	3.81 ± 0.08	4.56 ± 0.08	4.86 ± 0.08	**4.02** ± 0.09
14	2.31 ± 0.11	3.47 ± 0.05	4.19 ± 0.09	4.32 ± 0.16	**3.58** ± 0.10
15	2.10 ± 0.06	2.95 ± 0.12	3.87 ± 0.16	3.98 ± 0.10	**3.23** ± 0.11
Tx	**5.52** ± 0.06	**6.32** ± 0.07	**6.84** ± 0.05	**7.03** ± 0.06	

	S.Em. ±	C.D. at 5%	CV %
T	0.02	-	
D	0.07	0.195	1.247
T x D	0.04	0.099	

Quadro 4.22 Pontuação média do painel para o odor da hilsa inteira durante a armazenagem refrigerada.

Storage period (days)	Chilled whole hilsa T0(BLANK)	Chilled whole hilsa treated with *Aloe vera* gel extract			Dx
		T1 (18%)	T2 (20%)	T3 (22%)	
0	9.91 ± 0.03	9.86 ± 0.17	9.85 ± 0.12	9.84 ± 0.17	**9.87** ± 0.12
1	8.93 ± 0.02	9.32 ± 0.02	9.43 ± 0.02	9.50 ± 0.02	**9.30** ± 0.02
2	8.20 ± 0.03	8.84 ± 0.03	9.18 ± 0.01	9.23 ± 0.01	**8.86** ± 0.02
3	7.69 ± 0.02	8.27 ± 0.03	8.89 ± 0.03	8.96 ± 0.01	**8.45** ± 0.02
4	7.12 ± 0.02	7.86 ± 0.02	8.17 ± 0.03	8.35 ± 0.02	**7.87** ± 0.02
5	6.52 ± 0.02	7.31 ± 0.02	7.75 ± 0.02	7.95 ± 0.02	**7.38** ± 0.02
6	6.05 ± 0.03	6.75 ± 0.02	7.45 ± 0.02	7.66 ± 0.02	**6.98** ± 0.02
7	5.59 ± 0.04	6.54 ± 0.02	7.01 ± 0.05	7.25 ± 0.02	**6.60** ± 0.03
8	5.03 ± 0.01	5.99 ± 0.03	6.58 ± 0.08	6.96 ± 0.05	**6.14** ± 0.04
9	4.65 ± 0.06	5.78 ± 0.07	6.31 ± 0.06	6.60 ± 0.03	**5.83** ± 0.05
10	4.22 ± 0.08	5.39 ± 0.05	6.01 ± 0.05	6.17 ± 0.02	**5.45** ± 0.05
11	3.81 ± 0.09	4.79 ± 0.15	5.51 ± 0.17	5.83 ± 0.07	**4.99** ± 0.12
12	3.44 ± 0.12	4.21 ± 0.07	4.71 ± 0.18	5.16 ± 0.06	**4.38** ± 0.11
13	2.84 ± 0.11	3.87 ± 0.08	4.55 ± 0.08	4.87 ± 0.07	**4.03** ± 0.09
4	2.32 ± 0.13	3.46 ± 0.12	4.24 ± 0.08	4.33 ± 0.17	**3.59** ± 0.12
15	2.09 ± 0.10	3.00 ± 0.06	3.80 ± 0.09	3.97 ± 0.12	**3.22** ± 0.09
Tx	**5.52** ± 0.06	**6.33** ± 0.06	**6.84** ± 0.07	**7.04** ± 0.06	

	S.Em. ±	C.D. at 5%	CV %
T	0.02	-	
D	0.07	0.194	1.190
T x D	0.03	0.095	

Storage period (days)	Chilled whole hilsa T0(BLANK)	Chilled whole hilsa treated with *Aloe vera* gel extract			Dx
		T1 (18%)	T2 (20%)	T3 (22%)	
0	9.79 ± 0.15	9.85 ± 0.11	9.90 ± 0.04	9.87 ± 0.13	**9.85** ± 0.06
1	8.95 ± 0.02	9.30 ± 0.03	9.42 ± 0.01	9.55 ± 0.15	**9.31** ± 0.11
2	8.18 ± 0.02	8.82 ± 0.03	9.12 ± 0.03	9.25 ± 0.03	**8.84** ± 0.05
3	7.70 ± 0.02	8.29 ± 0.05	8.91 ± 0.02	8.98 ± 0.02	**8.47** ± 0.03
4	7.09 ± 0.02	7.80 ± 0.03	8.09 ± 0.04	8.33 ± 0.03	**7.83** ± 0.03
5	6.49 ± 0.02	7.32 ± 0.03	7.73 ± 0.02	7.94 ± 0.01	**7.37** ± 0.03
6	6.04 ± 0.02	6.75 ± 0.02	7.42 ± 0.04	7.66 ± 0.02	**6.97** ± 0.02
7	5.60 ± 0.04	6.49 ± 0.02	7.00 ± 0.02	7.25 ± 0.02	**6.59** ± 0.03
8	5.03 ± 0.01	6.00 ± 0.03	6.63 ± 0.03	6.97 ± 0.03	**6.16** ± 0.03
9	4.63 ± 0.06	5.81 ± 0.05	6.31 ± 0.05	6.59 ± 0.05	**5.84** ± 0.05
10	4.19 ± 0.02	5.40 ± 0.03	6.02 ± 0.05	6.16 ± 0.02	**5.44** ± 0.03
11	3.81 ± 0.04	4.69 ± 0.05	5.57 ± 0.10	5.86 ± 0.08	**4.98** ± 0.07
12	3.44 ± 0.09	3.89 ± 0.13	4.57 ± 0.16	5.16 ± 0.11	**4.23** ± 0.12
13	2.83 ± 0.09	3.86 ± 0.07	4.43 ± 0.09	4.97 ± 0.04	**4.06** ± 0.07
14	2.27 ± 0.13	3.52 ± 0.08	4.24 ± 0.09	4.37 ± 0.13	**3.60** ± 0.11
15	2.11± 0.03	2.98 ± 0.15	3.81 ± 0.07	4.03 ± 0.14	**3.23** ± 0.10
Tx	**5.51** ± 0.05	**6.30** ± 0.06	**6.82** ± 0.05	**7.06** ± 0.06	

	S.Em. ±	C.D. at 5%	CV %
T	0.02	-	
D	0.07	0.195	1.034
T x D	0.03	0.097	

Quadro 4.24 Pontuação média do painel para a aceitabilidade global da hilsa inteira durante a armazenagem refrigerada.

Storage period (days)	Chilled whole hilsa T0(BLANK)	Chilled whole hilsa treated with *Aloe vera* gel extract			Dx
		T1 (18%)	T2 (20%)	T3 (22%)	
0	9.85 ± 0.13	9.87 ± 0.14	9.87 ± 0.13	9.83 ± 0.17	**9.85** ± 0.14
1	8.93 ± 0.01	9.33 ± 0.01	9.46 ± 0.02	9.51 ± 0.02	**9.31** ± 0.02
2	8.12 ± 0.02	8.85 ± 0.02	9.11 ± 0.03	9.24 ± 0.01	**8.83** ± 0.02
3	7.72 ± 0.02	8.27 ± 0.02	8.90 ± 0.02	8.98 ± 0.01	**8.46** ± 0.02
4	7.09 ± 0.03	7.85 ± 0.02	8.16 ± 0.02	8.31 ± 0.02	**7.85** ± 0.02
5	6.52 ± 0.02	7.32 ± 0.03	7.72 ± 0.01	7.94 ± 0.01	**7.38** ± 0.02
6	6.04 ± 0.02	6.75 ± 0.03	7.43 ± 0.02	7.65 ± 0.02	**6.97** ± 0.02
7	5.58 ± 0.04	6.51 ± 0.02	7.02 ± 0.02	7.23 ± 0.04	**6.58** ± 0.03
8	5.04 ± 0.01	5.99 ± 0.04	6.60 ± 0.05	6.99 ± 0.04	**6.16** ± 0.04
9	4.59 ± 0.03	5.79 ± 0.04	6.30 ± 0.05	6.64 ± 0.10	**5.83** ± 0.06
10	4.22 ± 0.03	5.39 ± 0.03	6.00 ± 0.04	6.17 ± 0.02	**5.44** ± 0.03
11	3.88 ± 0.07	4.53 ± 0.11	5.55 ± 0.19	5.85 ± 0.08	**4.95** ± 0.11
12	3.45 ± 0.13	3.92 ± 0.17	4.59 ± 0.10	5.21 ± 0.01	**4.26** ± 0.10
13	2.85 ± 0.09	3.88 ± 0.09	4.46 ± 0.08	4.95 ± 0.05	**4.07** ± 0.08
14	2.22 ± 0.14	3.47 ± 0.09	4.25 ± 0.07	4.41 ± 0.17	**3.59** ± 0.12
15	2.08 ± 0.07	2.97 ± 0.13	3.85 ± 0.15	3.99 ± 0.14	**3.22** ± 0.12
Tx	**5.51** ± 0.05	**6.29** ± 0.06	**6.83** ± 0.06	**7.05** ±	

	S.Em. ±	C.D. at 5%	CV %
T	0.02	-	
D	0.07	0.204	1.213
T x D	0.03	0.097	

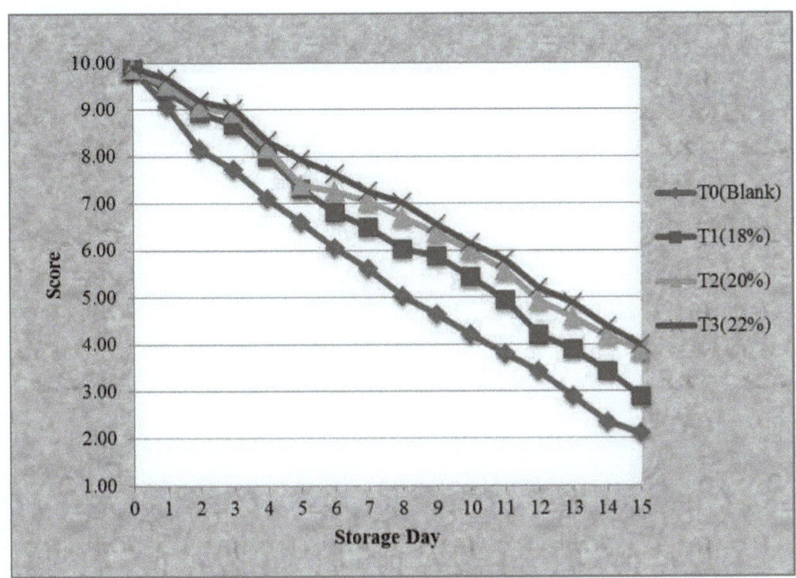

Figura 4.17 Alterações no aspeto durante o período de armazenagem refrigerada

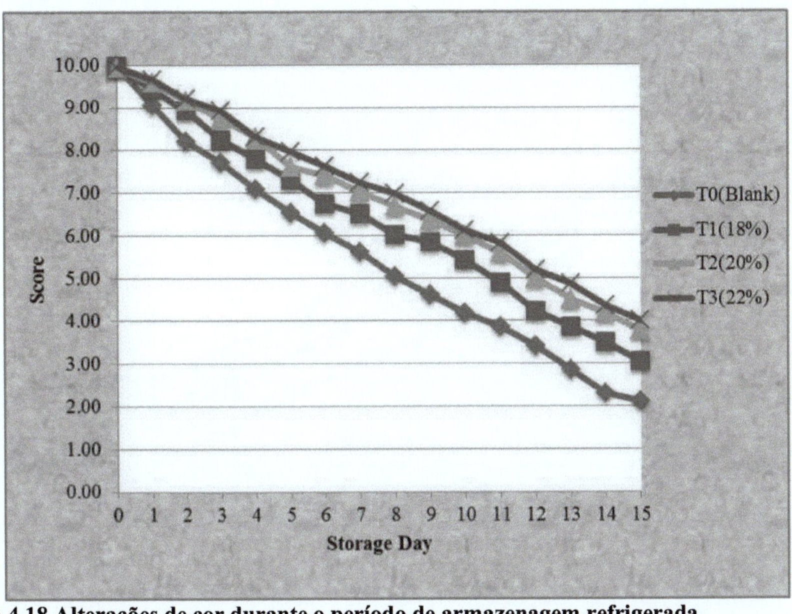

Figura 4.18 Alterações de cor durante o período de armazenagem refrigerada

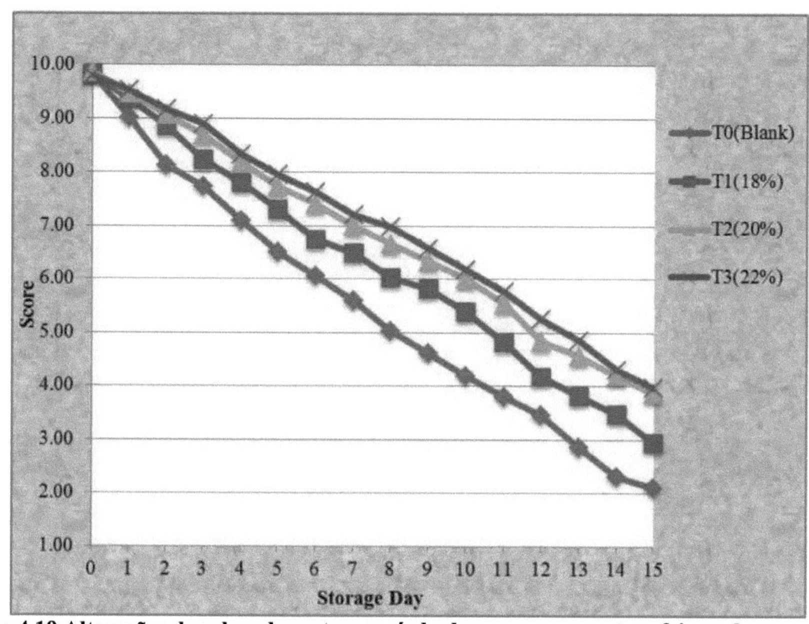

Figura 4.19 Alterações de sabor durante o período de armazenamento refrigerado

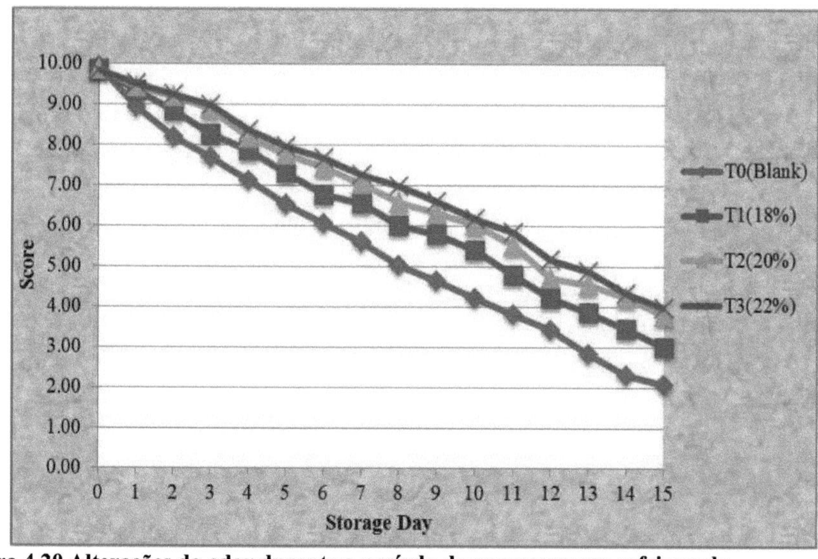

Figura 4.20 Alterações do odor durante o período de armazenagem refrigerada

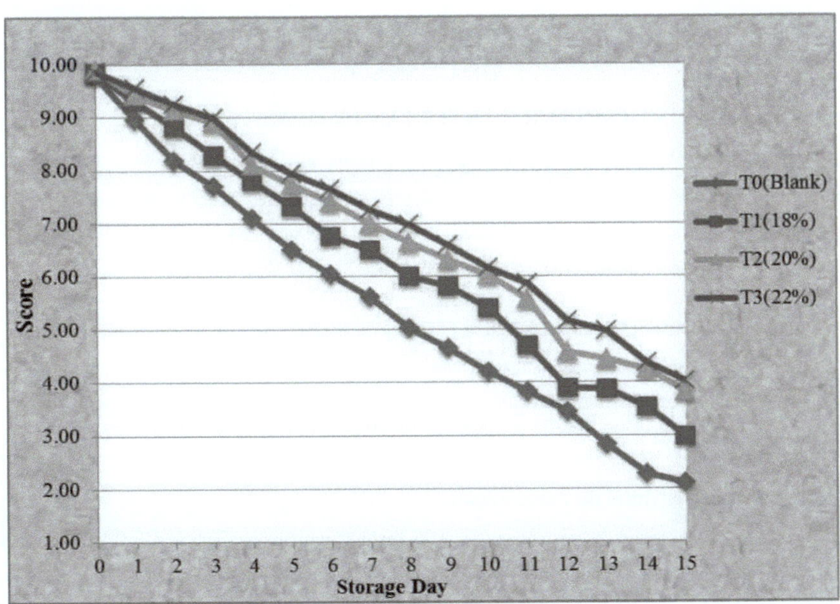

Figura 4.21 Alterações na textura durante o período de armazenagem refrigerada

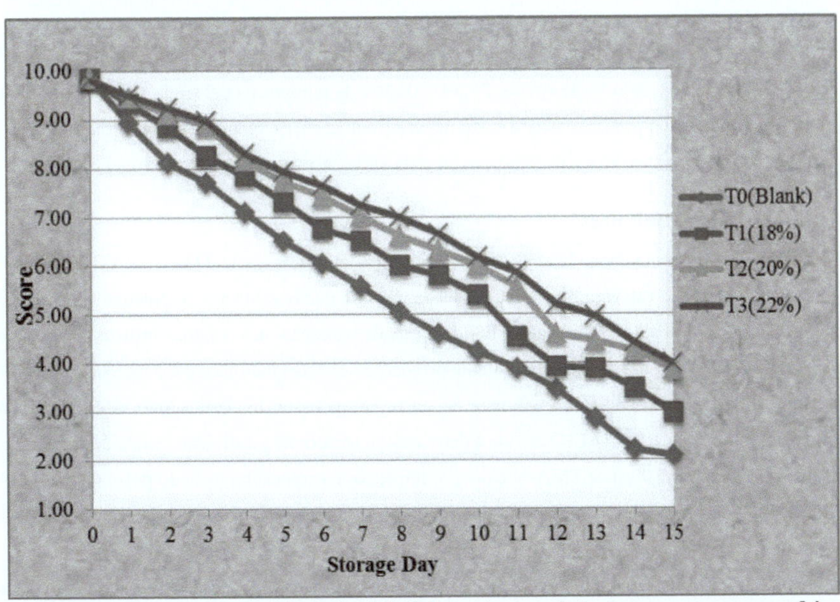

Figura 4.22 Alterações na aceitabilidade global durante o período de armazenagem refrigerada

CAPÍTULO 5

DISCUSSÃO

5.1 CARACTERÍSTICAS DAS MATÉRIAS-PRIMAS

A qualidade de qualquer produto depende das características da matéria-prima. Para saber se a matéria-prima é adequada para um determinado produto, é necessário conhecer as suas características. O presente estudo mostrou os resultados dos parâmetros sensoriais, químicos e bacteriológicos dentro do limite de aceitabilidade, da frescura do material.

5.1.1 Características físicas do peixe Hilsa (Tenualosa ilisha)

Os pormenores sobre as características físicas da hilsa (**Tenualosa ilisha**) são apresentados no quadro 4.1. A hilsa selecionada para o estudo tinha um peso médio de 101,35 ± 2,47 g e um comprimento de 22,12 ± 0,80 cm (média ± DP).

5.1.2 Composição Proximal do Peixe Fresco

A composição proximal do peixe hilsa fresco (**T. ilisha**) é mostrada na Tabela 4.1. O teor de proteínas foi de 17,976 ± 0,16 %, o que coincide mais ou menos com os resultados de Mazumder **et al**. (2008). O teor de lípidos foi de 11,9 ± 0,96%. Saha e Guha (1939), no seu estudo de 34 espécies, estimaram que a Hilsa tinha um teor de gordura mais elevado, de 19,4%. O teor de humidade de 67,88 ± 0,36 % (média ± DP) está de acordo com as conclusões de Nabi e Hossain (1989). O teor de cinzas foi de 1,94 ± 0,20% (média ± DP), o que está mais próximo do resultado de Abimbola (2010).

Maruf (2012) também relatou a composição proximal do peixe hilsa (**T ilisha**) com teor de proteína de 18,68 ± 0,27 % , 1,89 ± 0,06 % de cinzas, 24,39 ± 019 % de gordura e 66,04 ± 0,37 % de humidade. A ligeira variação registada no presente estudo pode dever-se a diferenças de tamanho, peso e estação do ano. Os factores extrínsecos e intrínsecos são responsáveis pela variação da composição proximal do peixe.

5.1.3 Características químicas

A qualidade do peixe depende das suas características químicas como TMA-N, TVB-N, PV e FFA. Verificou-se que os valores estavam dentro da gama aceitável no que respeita aos parâmetros acima referidos (Quadro 4.1). Outros trabalhadores sugeriram uma grande variação nos valores críticos para espécies individuais (Huss, 1988). O TMAO está geralmente presente nos peixes marinhos e é o método químico mais comummente utilizado para avaliar a qualidade do peixe (Magnusson e Martinsdottir, 1995). O TMA é produzido pela decomposição do TMAO devido à deterioração bacteriana e à atividade enzimática (Serdaroglu e Deniz, 2001). 10-15 (mg/100g) de TMA-N é o valor limite para a comestibilidade do peixe Connell (1995). O valor observado de 1,554 ± 0,17 (mg/100g), dentro do limite crítico, sugere que o peixe selecionado estava absolutamente fresco.

Connell (1995) sugeriu que o teor de ABVT no peixe acabado de pescar se situa geralmente entre 5 e 20 (mg/100g). As bases voláteis são produzidas por bactérias de deterioração no peixe. 35-40 (mg/100g) de TVB-N no músculo são geralmente considerados como o limite de aceitabilidade, para além do qual o peixe é

72

considerado estragado (Mathew, 2003). Lang (1983) propôs que a classificação da qualidade do peixe e dos produtos à base de peixe em relação aos valores de TVB-N fosse "alta qualidade" até 25 mg/100g, "boa qualidade" até 30 mg/lOOg, "limite de aceitabilidade" até 35 mg/100g e "estragado" acima de 35 mg/100g.No presente estudo, o teor de ABVT foi extremamente baixo (7,406 ± 0,16 mg/100g), o que indica uma elevada qualidade da matéria-prima para estudo, o que foi corroborado pelo estudo de Kilinc **et al.** (2005) sobre a sardinha (**Sardina pilchardus**).

O índice de peróxidos (PV) foi utilizado para determinar a formação de produtos de oxidação primários. É bem conhecido que os ácidos gordos livres (AGL) resultam da hidrólise enzimática de lípidos esterificados. Os AGL podem estar envolvidos em reacções com as proteínas miofibrilares e promover a desnaturação das proteínas (Pacheco-Aguilar **et al.**, 2000). Os valores dos testes de rancidez oxidativa, PV e AGL também se encontravam dentro dos limites do peixe fresco, sem sinais de rancidez. Os teores de PV e de AGL foram de 0,672 ± 0,15 (meq O2/kg) e 1,17 ± 0,014 (% de ácido oleico), valores que se encontram dentro do limite crítico para peixe fresco sem qualquer sinal de rancidez. Connell (1980) referiu que se o PV for de cerca de 10 a 20 (meq O2/kg) de gordura, o peixe tem, com toda a probabilidade, cheiro e sabor a ranço.

5.1.4 Características microbianas

Os microrganismos desempenham um papel importante na deterioração do peixe (Cann, 1977). As características microbianas do peixe hilsa são apresentadas no Quadro 4.1. Os resultados do TPC de 4,953 log (cfu/g) extremamente baixos que estão de acordo com o trabalho de Manjunatha **et al.** (2012) que também relatou TPC semelhante para peixes recém-pescados. As contagens bacterianas totais são normalmente utilizadas como um índice de deterioração do peixe e dos produtos da pesca. As contagens bacterianas totais são definidas como o número de unidades formadoras de colónias' ufc por grama de produto alimentar ou carne (Mossel, 1982). Prasad **et al.** (2007) observaram 2,1 X 10^6 ufc/g em peixe fresco de fita (**Trichiurus lepturus**). O TPC muito baixo observado no presente estudo confirma uma menor carga bacteriana e a frescura do peixe.

5.1.5 Características sensoriais

A análise sensorial do marisco tornou-se popular na investigação de marketing, desenvolvimento de produtos, garantia de qualidade e investigação e desenvolvimento. Os meios mais antigos e ainda mais difundidos para avaliar a aceitabilidade e comestibilidade do peixe são os sentidos - cheiro e visão, complementados pelo paladar e tato (Farber, 1965). Os resultados da análise sensorial da matéria-prima foram extremamente bons e indicam a qualidade fresca do peixe e comparam-se bem com os resultados obtidos por Manjunatha **et al.** (2012) em **Epinephelus diacanthus**.

5.2 ALTERAÇÕES DE QUALIDADE DURANTE A ARMAZENAGEM REFRIGERADA DE PEIXE TRATADO COM ALOÉ VERA

Numa experiência preliminar, o peixe hilsa foi tratado com extrato padronizado de **A. vera gel,** refrigerado inteiro a 4^0 C e armazenado durante 15 dias numa caixa isolada. Com base nas características químicas, microbiológicas e sensoriais do peixe tratado com 10%, 15% e 20% de extrato de gel de **A. vera,** verificou-se que o peixe tratado com 20% de extrato de gel de **A. vera** tem o melhor desempenho em termos de qualidade. Assim, para limitar o intervalo de concentração eficaz, seleccionou-se para a experiência final ± 2% do tratamento a 20%. Os resultados obtidos são discutidos a seguir.

5.2.1 Compostos azotados

5.2.1.1 Alterações do TMA-N durante a armazenagem refrigerada

A deterioração causada por microrganismos, frequentemente detectada como um odor a peixe, deve-se à decomposição do óxido de trimetilamina (TMAO) pela enzima TMAO desmetilase. O TMA pode ser utilizado como indicador de deterioração, uma vez que aparece após 3 ou 4 dias de armazenagem. É o índice mais útil para a deterioração de marisco fresco e ligeiramente conservado (Dalgaard, 2000). O peixe é considerado estragado quando a quantidade de TMA é superior a 30 mg/100 g (Bonnell, 1994), mas os níveis entre 10-15 mg de TMA-N 100 g^{-1} de peixe fresco foram considerados como o limite para o peixe fresco (Connell, 1975).

As alterações do teor de TMA-N da hilsa durante a armazenagem refrigerada são apresentadas no quadro 4.14. O valor de TMA-N aumentou em todas as amostras, mas permaneceu dentro do limite aceitável, exceto (T0), de 10-15 mg %. Estes resultados estão de acordo com outros obtidos para o linguado senegalês de viveiro, pregado de viveiro, em que não foi observada a formação significativa de TMA-N durante o período sensorial aceitável (Rodriguez **et al.**, 2003; Rodriguez **et al.**, 2006; Goncalves **et al.**, 2007).

O teor de TMA da hilsa aumentou de 1,60 ± 0,10 (mg/100g) inicial para 10,78 ± 0,20 (mg/100g) no controlo no 12th dia do período de armazenamento refrigerado, enquanto que nas amostras tratadas como T1(18%), T2(20%) e T3(22%) o nível de TMA-N aumentou de 1.[th]60 ± 0,10 (mg/100g) para 9,32 ± 0,08 (mg/100g), de 1,47 ± 0,11 (mg/100g) para 8,34 ± 0,16 (mg/100g), de 1,50 ± 0,16 (mg/100g) para 7,62 ± 0,24 mg%, respetivamente (média ± DP) (quadro 4.14) no 12.o dia de armazenagem refrigerada. O nível de TMA em todas as amostras tratadas permaneceu muito abaixo do nível do controlo durante o mesmo período. Isto mostra a eficácia do tratamento com **A. vera** na minimização do desenvolvimento de TMA devido à atividade bacteriana. Os resultados do presente estudo estão de acordo com Ishida **et al.** (1976) que relataram que, em armazenamento a baixa temperatura, como refrigeração acima de 0^0 C, a formação de TMA-N diminui visivelmente.

Depois de 12th dias, o teor de TMA-N no controlo aumentou de 10,78 ± 0,20 (mg/100g) para 16,37 ± 0,29 mg/100g em 15th dias de armazenamento refrigerado, o que é superior ao limite de aceitabilidade sugerido por Connell (1975), enquanto que as amostras tratadas são comparativamente menores e bem dentro do limite aceitável de TMA-N depois de 15th dias de armazenamento refrigerado (Quadro 4.14) do que o controlo. Isto pode ser atribuído ao efeito inibitório do extrato de gel de **A. vera** sobre o crescimento de bactérias.

O presente estudo mostra que, mesmo após 15 dias de armazenamento refrigerado, o valor de TMA na amostra tratada com gel de **A. vera** está bem dentro do limite, enquanto o peixe não tratado excede o limite de aceitabilidade de TMA após 12th dias. O baixo valor observado na amostra de peixe tratado com o aumento da concentração de **A. vera** gel é uma prova da eficácia do tratamento com extrato de **A. vera** gel na supressão da formação de TMA, melhorando assim a qualidade. Resultados semelhantes foram registados por Winarni

et al. (2012) durante o armazenamento em gelo de cavala indiana tratada com conservantes naturais como **Aloé vera** e fruto de coroa de deus (**Phaleria macrocarpa**). Attouchi e Sadok (2009) também avaliaram o efeito conservante do tomilho em pó polvilhado com níveis mais baixos de TMA-N.

O efeito de interação entre os tratamentos com gel de **A. vera** e o período de armazenamento refrigerado (dias) foi considerado significativo (p<0,05).

De acordo com Teskeredzic e Pfeifer (1987), o odor desagradável a peixe ocorre quando a concentração de TMA-N no peixe excede 10 mg %. No presente estudo, os valores de TMA-N estavam muito abaixo do nível mínimo associado à ausência de odor ofensivo nas amostras tratadas. A baixa concentração de TMA-N observada nas amostras tratadas com **A. vera** mostrou que todas as amostras, exceto o controlo, ainda estavam frescas mesmo após 15 dias de armazenamento refrigerado. O efeito do aumento da concentração do extrato de gel de **A. vera** foi mais evidente na diminuição do nível de TMA-N.

5.2.1.2 Alterações do TVB-N durante a armazenagem refrigerada

O TVB-N é um produto da deterioração bacteriana e o seu conteúdo é frequentemente utilizado como um índice para avaliar a qualidade de conservação e o prazo de validade dos produtos do mar (Masniyom **et al.**, 2005; Erkan **et al.**, 2006; Mendes e Goncalvez, 2008; Fernandez **et al.**, 2009).

O TVB-N, tal como o TMA-N, também aumentou com o tempo de armazenamento a 4^0 C, o que está de acordo com outros estudos (Tejada e Huidobro, 2002; Grigorakis **et al.**, 2003; Ozogul **et al.**, 2005). Quando o nível de TVB-N atinge 35-40 mg/100 g de músculo de peixe, o peixe é geralmente considerado estragado (Lakshmanan, 2000).

Após 15 dias de armazenamento, verificou-se uma diferença significativa no valor de TVB-N da amostra de controlo e da amostra tratada. O valor inicial de TVB-N para T0 foi de 7,42 ± 0,09 (mg/100g) que atingiu 28,98 ± 0,80 (mg/100g) no final de 15 dias de armazenamento refrigerado. Enquanto que nos tratamentos T1(18%), T2(20%) e T3(22%) o nível de TVB-N aumentou de 7,35 ± 0,11 (mg/100g) para 23,24 ± 0,91 (mg/100g), de 7,36 ± 0,13 (mg/100g) para 23.45 ± 0,11 (mg/100g), de 7,35 ± 0,11 (mg/100g), para 19,78 ± 0,34 (mg/100g), respetivamente (média ± DP) (Quadro 4.15) ao fim de 15 dias de armazenagem refrigerada.

O resultado mostra que as amostras tratadas que ainda se encontravam abaixo do limite de aceitabilidade eram frescas e adequadas para armazenamento posterior, ao passo que as amostras não tratadas que se aproximavam do limite crítico não podiam ser armazenadas posteriormente. Este é o efeito positivo do tratamento com extrato de gel de **A. vera** no prolongamento do prazo de validade.

Nenhuma das amostras ultrapassou o limite crítico de 35-40 (mg/100g) de TVB-N no controlo, enquanto que na amostra tratada está muito bem dentro do limite para peixe armazenado em gelo (Ozogul, 2010), o que indica a estabilidade e a qualidade das amostras armazenadas. O presente estudo mostra o efeito positivo de minimizar a formação de TVB-N observado com o aumento da concentração de gel de **A. vera no** peixe tratado, que apresentou o valor mais baixo com uma concentração mais elevada (22%) em comparação com o valor elevado na amostra não tratada (T0).

Durante a deterioração do peixe, o crescimento bacteriano aumenta e produz gases de vapor, como o amoníaco. Além disso, o aumento da concentração de TVB-N é causado por enzimas proteolíticas que transformam a substância em ácido sulfídrico, amoníaco e outros compostos. Os baixos níveis de TVB-N nas amostras tratadas devem-se a uma população bacteriana reduzida ou à diminuição da capacidade das bactérias para a desaminação oxidativa de compostos azotados não proteicos ou a ambos (Banks **et al.**, 1980), o que demonstra o efeito antimicrobiano do extrato de gel de **A. vera.**

Resultados semelhantes foram relatados por Winarni **et al.** (2012), onde o valor de TVB-N aumentou lentamente na cavala indiana tratada com **Aloe vera do** que no peixe não tratado durante o armazenamento no gelo. Attouchi e Sadok (2009) referiram que a adição de pó de tomilho ao peixe dourada reduziu significativamente o nível de TVBN.

Esta alteração foi significativa ($p < 0,05$) durante o armazenamento refrigerado. Ocano-Higuera, **et al.** (2009) relataram que TVB-N e TMA-N em peixes Cazon armazenados em gelo (0^0 C) aumentaram significativamente ($p < 0,05$). Resultados semelhantes foram relatados por Shalini **et al.** (2000) durante o armazenamento refrigerado de filetes de **L. lentjan** embalados a vácuo tratados com diferentes aditivos como o acetato de sódio. Botta **et al.** (1984) referiram que se registava um aumento definitivo de TVB-N durante a armazenagem em gelo do bacalhau fresco do Atlântico, especialmente após 9-11 dias. No presente caso, mesmo após 15 dias de armazenagem refrigerada, o nível de TVB está dentro de limites aceitáveis. Cobb e Vanderzant (1975) sugeriram um limite superior de 30mg N/100g para a aceitabilidade de peixes como o bacalhau, a arinca, a enguia e o lúcio.

5.2.2 Índices de Rancidez

5.2.2.1 Alterações dos ácidos gordos livres (AGL) durante a armazenagem refrigerada

A formação de ácidos gordos livres (AGL) durante o armazenamento congelado de marisco é um fator que conduz à deterioração da qualidade das proteínas (Dyer, 1951). Yesim **et al.** (2011) relataram que o valor de AGL aumenta no linguado comum (**Solea solea**) durante o armazenamento em gelo.

O valor inicial de AGL para T0 foi de $1,17 \pm 0,01$ % de ácido oleico, que progrediu para $4,95 \pm 0,10$ % no final do período de armazenamento refrigerado de 15 dias. Nos tratamentos T1(18%), T2(20%) e T3(22%), o nível de AGL aumentou de $1,17 \pm 0,01$ % para $3,85 \pm 0,06$ %, de $1,17 \pm 0,01$ % para $3,18 \pm 0,06$ %, de $1,16 \pm 0,01$ % para $2,98 \pm 0,06$ %, respetivamente (média $\pm$ DP) (Quadro 4.16) durante 15 dias de armazenamento refrigerado. A alteração foi significativa com ($p > 0,05$). O baixo valor da amostra tratada em comparação com o peixe não tratado de controlo indica claramente o efeito inibidor do extrato de gel de **A. vera** na lipólise.

O presente estudo mostra uma diferença significativa do valor de AGL entre a amostra não tratada e a amostra tratada, o que pode ser atribuído ao efeito antioxidante do extrato de gel de **A. vera, que** contribui para o baixo nível das amostras tratadas em comparação com o controlo não tratado (T1). **O Aloé vera** é rico em compostos bioactivos, alguns dos quais são antioxidantes e são amplamente utilizados na engenharia alimentar como conservantes, tais como mananos, antrachinon, c-glicosídeo, antron, antrakuinon e lectina (King **et al.**, 1995; Eshun e He, 2004). O baixo valor de AGL nos peixes tratados pode dever-se aos compostos antioxidantes presentes no extrato de gel de **A. vera.**

5.2.2.2 Alterações no índice de peróxidos (PV) durante a armazenagem refrigerada

O índice de peróxidos (PV) é utilizado para exprimir o estado oxidativo dos alimentos que contêm lípidos. Mede a primeira fase da rancidez oxidativa (Balachandran, 2001). Pearson (1970) sugeriu que o nível aceitável de PV é de 20 a 40 m.equ/ kg de gordura. À medida que a oxidação prossegue, os peróxidos decompõem-se em aldeídos ou combinam-se com proteínas (Woyewoda **et al.**, 1986). Neste estudo, as alterações no valor do PV em todas as amostras refrigeradas mostraram tendências crescentes com flutuação intermitente durante o período de armazenamento refrigerado.

Os hidroperóxidos quantificados pelo índice de peróxidos (PV) surgem como resultado da oxidação da gordura e do óleo, enquanto os AGL são formados pela hidrólise da gordura e do óleo. Gorduras e óleos ligeiramente oxidados com PV a níveis de apenas 100 meq kg^{-1} são considerados neurotóxicos (Gotoh **et al.**, 2006; Gotoh e Wada, 2006).

O valor inicial do PV para T0 foi de 0,71 ± 0,12 (m.equ/kg) e atingiu 4,39 ± 0,12 (m.equ/kg) no final de 15 dias de período de refrigeração. Nas amostras tratadas T1 (18%), T2 (20%) e T3 (22%), o nível de PV aumentou de 0,64 ± 0,16 (m.equ/kg) para 3,25 ± 0,12 (m.equ/kg), de 0,66 ± 0,11 (m.equ/kg) para 2,48 ± 0,17 (m.equ/kg), de 0,66 ± 0,09 (m.equ/kg) para 2,17 ± 0,09 (m.equ/kg) respetivamente (média ± DP) (Tabela 4.17) durante 15 dias de armazenamento refrigerado. Yesim **et al.** (2011) relataram que o valor de PV foi de 15,02 meq kg^{-1} para o linguado comum armazenado em gelo e aumentou significativamente para o valor máximo de 35,87 no dia 16 (P <0,05) e depois diminuiu para 23,22 meq kg^{-1} no final do período de armazenamento (P <0,05). No entanto, o valor de PV foi baixo na amostra tratada em comparação com a amostra não tratada, o que mostra o efeito antioxidante do extrato de gel de **A. vera.** Os valores iniciais de PV foram registados para várias espécies, por exemplo, 0,8-1,2 meq kg-1 para o arenque (Smith **et al.**, 1980), 5,60 meq kg^{-1} para o pregado selvagem (Ozogul **et al.**, 2006) e 27,6 meq kg^{-1} para a sardinha fresca (Cho **et al.**, 1989).

5.2.3 Análise microbiológica

O crescimento microbiano no marisco fresco é o principal fator associado à deterioração da qualidade, à deterioração e às perdas económicas (Zhuang **et al.**, 1996). As contagens bacterianas totais são normalmente utilizadas como um índice de deterioração do peixe e dos produtos da pesca. A contagem bacteriana total é definida como o número de unidades formadoras de colónias (ufc) por grama de produto alimentar (Mossel, 1982). O total de bactérias na hilsa não tratada aumentou significativamente (p<0,05) durante o armazenamento e atingiu 6,753 log ufc g^{-1} no final do armazenamento. Tzikas **et al.** (2007), relataram que a microflora da cavala mediterrânica e do chicharro azul que foram armazenados em gelo durante 10 dias era < 6 log10 cfu g^{-1} . As bactérias que crescem no peixe durante o armazenamento em gelo são **Shewanella putrefaciens** e **Pseudomonas** spp. (Gram e Hans, 1996).

O valor inicial de TPC para T0 foi de 2,37 ± 0,02 log (ufc/g), que atingiu 5,60 ± 0,02 log (ufc/g) em 12th dias de armazenamento refrigerado, o que excedeu o limite de aceitabilidade de TPC em peixes, enquanto as amostras tratadas com 18% (T1), 20% (T2) e 22% (T3) de extrato de gel de **Aloe vera**, o nível de TPC aumentou de 2.33 ± 0,02 log (cfu/g) para 4,95 ± 0,02 log (cfu/g), de 2,31 ± 0,02 log (cfu/g) para 4,55 ± 0,04 log (cfu/g), de 2,32 ± 0,03 log (cfu/g) para 4,41 ± 0,03 log (cfu/g) respetivamente (média ± SD) (Tabela 4.18) após 12th dias, o que está dentro do limite de aceitabilidade. As amostras que foram tratadas com extrato de gel de **A. vera** apresentaram a taxa mais baixa de aumento bacteriano em comparação com a amostra não tratada. O resultado indica que o crescimento microbiológico foi restringido por tratamentos com gel de **A. vera.**

O Aloé vera contém aloesina, 8-C-glucosil- 7-O-metil-(S)-aloesol, neoaloesina A, 8-O-metil- 7-hidroxialoína A e B, 10-hidroxialoína A, isoaloeresina D, aloína A e B, aloeresina E e aloeemodina de **A. barbadensis**: e aloenina, aloenina B, 10-hidroxialoína A, aloína A e B, e aloe-emodina de **A. arborescens** (Park **et al.**, 1998).

Estes compostos apresentam atividade antimicrobiana. O gel **de aloé vera** tem atividade antibacteriana contra **Staphylococcus aureus, E. coli, Flavobacterium-rignese, Trichophyton mentagrophytes** (Agarry **et al.**, 2005). A baixa contagem de TPC na amostra tratada pode ser atribuída ao efeito antimicrobiano do extrato de gel de **A. vera.**

Assim, as alterações microbiológicas do peixe armazenado a 4^0 C estavam em boa concordância com os resultados da avaliação sensorial. Resultados semelhantes foram encontrados por Ozogul **et al.** (2004) para sardinhas evisceradas armazenadas em caixas a 4 *0C*. No entanto, o efeito de interação entre os tratamentos com gel de **A. vera** e o período de armazenamento refrigerado (dias) foi significativo ($p<0,05$).

5.2.4 Características sensoriais

A avaliação sensorial é o teste mais fiável para as matérias-primas e os produtos da pesca transformados (Ryder **et al.,** 1993).

A análise sensorial de todos os tratamentos foi avaliada durante 15 dias de armazenamento e é mostrada em 4.19 a 4.24 para a experiência final. A hilsa fresca apresentava um aspeto brilhante, olhos brilhantes, guelras avermelhadas, odor a algas marinhas e uma textura muito firme. As alterações nas propriedades sensoriais variaram entre tratamentos, mas à medida que o tempo de armazenamento aumentou, todos os atributos sensoriais diminuíram.

Na experiência final, a taxa de diminuição mais rápida do atributo sensorial foi observada nas amostras não tratadas, seguidas das amostras tratadas com 18% e 20% de extrato de gel de **A. vera.** Enquanto que a menor diminuição do atributo sensorial foi observada nas amostras tratadas com 22% de **Aloé vera** e os seus atributos sensoriais permaneceram com a pontuação mais elevada (Quadro 4.18 a 4.23). Os resultados da análise sensorial mostram o efeito conservante do **A. vera**, que mantém a qualidade química e microbiológica do peixe.

Resultados semelhantes foram encontrados por Winarni **et al.** (2012), onde a cavala indiana tratada com 20% de **Aloe vera** foi considerada o tratamento mais eficaz. No final do tempo de armazenamento (12 dias), os peixes tratados com esta concentração não foram rejeitados pelo júri. Este efeito deveu-se possivelmente às substâncias complexas do **Aloé vera**, como a aloína, que possui actividades antibacterianas (Lorenzetti **et al.**, 2006), antifúngicas e anti-inflamatórias (Das **et al.**, 2011).

Os peixes do tratamento de controlo foram rejeitados pelos membros do júri ao 11° dia de armazenagem. Em contraste, nenhuma das hilsas tratadas foi rejeitada pelo júri até ao 14° dia de armazenamento. Estes resultados indicaram que o tratamento com extrato de gel **de Aloe vera** proporcionou efeitos conservantes e estabilizou as propriedades sensoriais da hilsa. Além disso, prolonga ainda mais o tempo de conservação refrigerada por mais 4 dias.

CAPÍTULO 6
RESUMO E CONCLUSÃO

Sendo o peixe altamente perecível, estraga-se rapidamente, especialmente em condições tropicais. Um arrefecimento adequado e constante é a chave para uma boa qualidade, uma longa vida útil e um elevado valor do marisco. A refrigeração é geralmente considerada como o método mais eficaz para manter a qualidade do peixe (Opara **et al.,** 2007). Em alternativa, o gelo é utilizado para baixar a temperatura do peixe e é considerado como um dos métodos eficazes para a conservação do peixe. Atualmente, os pescadores dos países em desenvolvimento enfrentam dificuldades na utilização de gelo devido ao aumento do seu preço, uma vez que o custo da energia está a aumentar. Consequentemente, os processadores de peixe estão a tentar encontrar métodos simples, baratos e eficazes para manter a qualidade do peixe, durante um período mais longo, durante o transporte de peixe refrigerado.

Tenualosa ilisha, popularmente conhecida como Palla, pertence à família **Clupeidae** e é uma das principais espécies de peixes marinhos desembarcados nas regiões tropicais e subtropicais, incluindo a Índia. Trata-se de um peixe oleoso rico em ácidos gordos essenciais (ácidos gordos ómega 3). A procura de **T. ilisha** fresca tem vindo a aumentar constantemente na última década, tanto no mercado interno como no mercado de exportação, devido à sua elevada qualidade nutricional e excelentes propriedades organolépticas. Um volume relativamente grande de desembarques de **T. ilisha** é transformado em bruto, enquanto o peixe inteiro é vendido para consumo imediato em lojas de retalho. Como qualquer outro peixe, a **T. ilisha** é um produto alimentar extremamente perecível, pelo que a qualidade do peixe fresco é uma grande preocupação para a indústria e os consumidores. Apesar da existência de instalações modernas de armazenagem frigorífica e de transporte, a distribuição de peixe fresco, especialmente nos países tropicais, continua a ser um grande problema. Isto deve-se à rápida deterioração do peixe em resultado da atividade bacteriológica que leva à perda de qualidade e subsequente deterioração.

O Aloé vera é uma das substâncias naturais que contém substâncias antibacterianas (Lorenzetti **et al.,** 2006), anti-inflamatórias (Langed **et al.,** 1964), antivirais (Hamman, 2008), antioxidantes (Hamman, 2008) e antifúngicas **(Rodriguez et al.,** 2005; Saks e Golan, 1994; Joseph e Raj, 2010). Assim, poderia ser utilizado para reduzir a deterioração microbiana do peixe. O potencial da utilização de conservantes naturais ainda não foi totalmente explorado (Roller, 1995). Por conseguinte, o objetivo do presente estudo foi otimizar as condições de utilização de **Aloe vera** como bio-conservantes e estudar os seus efeitos nos atributos sensoriais, químicos e microbiológicos, bem como no prazo de validade de **T.**
ilisha durante 15 dias de armazenamento refrigerado numa caixa de gelo. **T. ilisha** é um peixe comercialmente importante, que é normalmente comercializado sob a forma de peixe inteiro refrigerado. O prolongamento do prazo de validade da **T. ilisha** durante a armazenagem refrigerada é um parâmetro importante não só para o seu valor de mercado, mas também para a sua transformação noutros produtos de valor acrescentado num mercado distante.

Devido ao elevado valor de mesa no mercado interno, o presente estudo pretendia indicar a adequação e as doses eficazes do tratamento com extrato de gel de **A. vera** como conservante natural para manter a qualidade da **T. ilisha** durante uma armazenagem refrigerada de 15 dias. Assim, a qualidade da hilsa tratada com diferentes concentrações de extrato de gel de **A. vera** foi analisada bioquimicamente, microbiologicamente e organolepticamente. Foi feita uma tentativa de analisar todos os aspectos acima referidos, que se resume a seguir.

6.1   CARACTERÍSTICAS DA MATÉRIA-PRIMA HILSA

Os peixes frescos mediam, em média, 22,12 ± 0,80 cm de comprimento total. O comprimento padrão dos peixes foi de 17,49 ± 0,66 cm. O peso médio dos peixes foi de 101,35 ± 2,47 g.

A composição proximal média do peixe hilsa fresco como matéria-prima é apresentada na Tabela 4.1. Os peixes foram capturados em janeiro de 2013 e foram considerados peixes gordos com um teor de gordura de 11,9 ± 0,96. O teor de humidade era de cerca de 67,88 ± 0,36, o teor de proteínas era de 17,97 ± 0,16 e o teor de cinzas era de 1,94 ± 0,20.

A qualidade do peixe hilsa fresco foi avaliada através de parâmetros químicos, microbiológicos e sensoriais. As características químicas como TMA-N, TVB-N foram 1,554 ± 0,17 e 7,406 ± 0,16 respetivamente, assim como a qualidade lipídica do peixe fresco como PV, o valor de FFA foi 0,68 ± 0,15 e 1,17 ± 0,014 respetivamente. A contagem total em placas (TPC) do peixe fresco foi de 4,9531 ± 0,05 log (cfu/g).

6.2   NORMALIZAÇÃO DA DOSE DE TRATAMENTO DO EXTRACTO DE A. VERA

Numa experiência preliminar, o peixe hilsa foi tratado com extrato padronizado de **A. vera gel,** refrigerado inteiro a 4^0 C e armazenado durante 15 dias numa caixa isolada. Com base nas características químicas, microbiológicas e sensoriais do peixe tratado com 10%, 15% e 20% de extrato de gel de A. **vera**, verificou-se que o peixe tratado com 20% de extrato de gel de **A. vera** tem o melhor desempenho em termos de qualidade. Assim, para limitar o intervalo de concentração eficaz, seleccionou-se para a experiência final ± 2% do tratamento a 20%. Os resultados obtidos são discutidos a seguir.

6.3   ALTERAÇÕES DE QUALIDADE DURANTE A ARMAZENAGEM REFRIGERADA DE HILSA

1. A hilsa fresca (**T. ilisha**) foi recolhida no porto de pesca. Foi lavada e utilizada para tratamento no seu estado inteiro.
2. Primeiro, foi realizada uma experiência inicial para padronizar o tratamento com extrato de gel de **A. vera.** O peixe inteiro foi mergulhado em diferentes concentrações de extrato de gel de **A. vera,** como 10% (T1), 15% (T2), 20% (T3), durante 2 horas e depois armazenado refrigerado durante 15 dias numa caixa de gelo. Controlo sem extrato de gel de **A. vera.** O tratamento com 20% (T3) apresentou o melhor desempenho.
3. Em segundo lugar, foi realizada uma experiência final para encontrar a dose eficaz do extrato de gel de **A. vera.** O peixe inteiro foi mergulhado em diferentes extractos de gel de **A. vera** como 18% (T1), 20% (T2), 22% (T3) durante 2 horas e T0 como (controlo) tratado sem extrato de gel de **A. vera.**

4. Os peixes inteiros foram imediatamente mantidos em caixas isoladas com gelo e peixe (1:1) para manter a temperatura a 0^0 C durante 15 dias de armazenamento refrigerado. O gelo derretido foi compensado pela adição de gelo adicional num intervalo de 12 horas.

5. A análise química, microbiológica e organoléptica da amostra armazenada refrigerada foi efectuada com um intervalo de 3 dias.

6. O estudo do armazenamento de todas as amostras indicou alterações consideráveis na forma de aumento, mas dentro do limite de frescura, do nível de TMA-N e TVB-N. O nível de TMA-N e TVB-N foi menor em T3, seguido de T2, T1 e T0. O valor de TMA e TVB variou significativamente durante a amostragem dentro do limite de aceitação em todas as amostras tratadas

7. O PV e o FFA, outro valor dos índices de qualidade de todas as amostras armazenadas refrigeradas, registaram um aumento do valor com o aumento do período de armazenamento. Assim, o valor de PV e FFA de diferentes hilsas tratadas com extrato de gel de **A. vera** foi menor em comparação com hilsas não tratadas durante o período de armazenamento refrigerado. A partir do valor de PV e FFA, avaliou-se que a amostra de peixe tratada estava em boa qualidade, condição durante o período de armazenamento refrigerado sem ultrapassar o limite de aceitabilidade.

8. O TPC de todas as amostras indicou uma ligeira tendência de aumento durante 15 dias de armazenamento refrigerado.

9. As características sensoriais, incluindo as aparências, o odor, a cor, a textura do sabor e a aceitabilidade global, foram avaliadas por um painel de peritos. A avaliação sensorial do presente estudo indicou que o peixe hilsa tratado estava em boas condições até 15 dias de armazenamento refrigerado a temperaturas de 0 °C, enquanto o peixe não tratado (controlo) era aceitável até 12th dias.

6.4   CONCLUSÕES

As alterações nos atributos químicos, sensoriais e microbiológicos da hilsa tratada variaram consoante as concentrações. Quanto maior a concentração, menor o nível de deterioração. Os tratamentos com 22% de extrato de gel de **Aloé vera** foram considerados os melhores entre os tratamentos para reduzir as alterações nos atributos químicos, microbianos e sensoriais, bem como o prazo de validade, em comparação com o controlo durante a armazenagem refrigerada. A utilização do extrato de gel de **A. vera revelou-se** eficaz na minimização das alterações deteriorativas, tanto químicas como sensoriais, armazenadas durante 15 dias a 0^0 C. Em geral, a utilização de tratamentos com extrato de gel de **A. vera** na hilsa é promissora para melhorar a qualidade global em termos de características químicas, microbiológicas e sensoriais, bem como o prazo de validade da **T. ilisha** durante a armazenagem refrigerada de 15 dias.

CAPÍTULO 7
BIBLIOGRPHY

Abimbola, A. O.; Kolade, O. Y.; Ibrahim, A. O.; Oramadike, C. E. e Ozor, P. A. 2010. Composição Proximal e Anatómica do Peso de **Tilapia guineensis** e **Tilapia melanotheron** selvagens. **Jornal de Segurança Alimentar. 12**: 100-103.

Adushan, P. 2008. Síntese e atividade biológica de derivados de aloína. Tese de Mestrado em Ciências na Escola de Química da Universidade de KwaZulu-Natal Pietermaritzburg.

Agarry, O. O.; Olaleye, M. T. e Bello-Micheal, C. O. 2005. Actividades antimicrobianas comparativas do gel e da folha de **Aloe vera**. **Jornal Africano de Biotecnologia. 4(12)**: 1413-1414.

Agbon, A. O.; Ezeri, G. N. O.; Ikenwiewe, B. N.; Alegbleye, N. O. e Akomolade, D.T. 2002. Um estudo comparativo de diferentes métodos de armazenamento sobre o prazo de validade do peixe corrente fumado. **J. Aquat. Sci. 17(2)**: 134-136.

Agustini, T. W.; Dewi, E. N.; Sumardianto, S. E.; Prayitno, H. S. e Wiwit, F. 2007. Estudo sobre a utilização do manuseamento de peixe de leite fresco. **Indonesian Journal of *Fisheries Science and Technology*. 2(1)**: 123-133.

Agustini, T. W.; Sudibjono e Nur, A. 2003. The use of different concentration of seaweed extract for preserving white shrimp (***P. marguiensis***) during Storage In Proceeding of The 5th JSPS International Seminar Marine Product Processing Technology. pp. 54-57.

Ahmed, M. J.; Singh, Z. B. e Khan, A. S. 2009. O revestimento pós-colheita com gel de *Aloe vera* modula o amadurecimento e a qualidade dos frutos da nectarina "Arctic Snow" conservados em ambiente e em frio. *Int. J. Food. Sci. Tech.* **44**: 1024-1033.

Akinneye, J. O.; Amoo, I. A. e Arannilewa, S. T. 2007. Efeito dos métodos de secagem na composição nutricional de três espécies de (***Bonga sp., Sardinella sp.* e *Heterotis niloticus***). *J. Fish. Int.* **2(1)**: 99-103.

Akinola, O. A.; Akinyemi, A. A. e Bolaji, B.O. 2006. Avaliação dos sistemas de secagem tradicionais e solares para melhorar o armazenamento e a conservação do peixe na Nigéria (Governo Local de Abeokuta como um estudo de caso). *J. Fish. Int.* **1(2-4)**: 44-49.

Al-Dagal, M. M e Bazarra, W. A. 1999. Extensão do prazo de validade do camarão inteiro e descascado com sais de ácido orgânico e bifidobactérias. *J. Food Protect.***62**: 51-56.

Alemdar, S. e Agaoglu, S. 2009. Investigação da atividade antimicrobiana in vitro do sumo de *Aloe vera*. *J. Animal Veter. Advances.* **8(1)**: 99-102.

Al-Jufaili, M.S. e Opara, L.U. 2006. Status of fisheries postharvest industry in the Sultanate of Oman: Parte 1: sistema de manuseamento e comercialização de peixe fresco. **J. Fish. Int. 1(2-4):** 144-149b.

Ananou, S.; Maqueda, M.; Martmez-Bueno, M. e Valdivia, E. 2007. Biopreservação, uma abordagem ecológica para melhorar a segurança e o prazo de validade dos alimentos. **In:** A. Mendez-Vilas (Editor), comunicando a investigação atual e tópicos educacionais e tendências em microbiologia aplicada. Formatex, Espanha. 475- 486 pp.

Andarwulan, N.; Batari, R.; Sandrasari, D. A.; Bolling, B. e Wijaya, H. 2010. Teor de flavonóides e atividade antioxidante de vegetais da Indonésia. **Food Chemistry. 121(4)**: 1231-1235.

Anderson, D. W.; Jr e Feller, C. R. 1949. Alguns aspectos da formação de trimetilamina no peixe-espada. **Food Technof. 3**: 271-273.

AOAC, 2006. Official Methods of Analysis of the Association of Official Analytical Chemists (AOAC) International 18ª edição.

Arunkumar, S. e Muthuselvam, M. 2009. Análise de constituintes fitoquímicos e actividades antimicrobianas de **Aloe vera** L. contra agentes patogénicos clínicos. **Revista Mundial de Ciências Agrícolas. 5(5)**: 572-576.

Ashie, I. N. A.; Smith, J. P. e Simpson, B. K. 1996. Deterioração e extensão do prazo de validade do peixe fresco e do marisco. **Crit. Rev. Food Sci. Technol. 36**: 87121.

Attouchi, M. e Sadok, S. 2009. O efeito da aspersão de tomilho em pó nas alterações de qualidade dos filetes de dourada selvagem e de viveiro armazenados em gelo. **Food Chemistry.119**: 1527-1534.

Azman, M.; Abdul, R.; Jailani, S.; Mashitah, M. Y.; Ibrahim, A. B e Mohd, R. M. D. 2010. Efeito da temperatura e do tempo para a atividade antioxidante no ar 8 **Plecranthus amboinicus** Lour. **Journal American Sci. Terapan. 7(9)**: 11951199.

Balachandran, K. K. 2001. Produtos à base de carne picada e de carne picada. **In:** Post Harvest Technology of Fish and Fish Products. Daya Publishing House, Delhi, 271287 pp.

Bandhopadhyay, J. K.; Chattopadhyay, A. K. e Battacharya, S. K. 1985. Studies on the ice storage characteristics of commercially important freshwater fishes. Em Harvest and Post-Harvest Technology of fish. (Ravindran,K., Unnikrishnan Nair, Perigreen, P. A., Madhavan, P., GopalakrishnaPillai, A. G., Panicker, P. A. e Mary Thomas Ed.) pp.381-384, Society of Fisheries Technologists, Índia.

Banks, H.; Nickelson, R. e Finne, G. 1980. Shelf life studies on carbon dioxide packaged finfish from Gulf of Mexico. **J.** *FoodSci.* **45**: 157-162.

Barnett, H. J.; Conrad, J. W. e Nelson, R. W. 1987. Utilização de embalagens flexíveis de polietileno laminado de alta e baixa densidade para armazenar truta **(Salmo gairdnert)** numa atmosfera modificada. **J.Food Protect. 50**: 645-641.

Basile, A.; Conte, B.; Rigano, D.; Senatore, F. e Sorbo, S. 2010. Propriedades antibacterianas e antifúngicas do extrato acetónico de frutos **de sellowiana** e o seu efeito no crescimento de helicobacter pylori. **Jornal de Alimentos Medicinais. 13(1)**: 189195.

Beatty, S. 1938. Estudos sobre a deterioração do peixe. H. A origem da trimetilamina produzida durante a deterioração do sumo de prensa do músculo do bacalhau. **J. Fish. Res. Bd. Can. 4**: 63.

Beatty, S. A. e Gibbons N. E. 1937. The measurement of spoilage in fish. **J. Biol. Bd. Can. 3**: 77-91.

Blaber, S. J. M.; Brewer, D. T.; Milton, D. A.; Merta, G. S.; Efizon, D.; Fry, G. e Vander Velde, T. 1997. A história de vida do sável tropical protândrico **Tenualosa macrura** (Alosinae: Clupeidae): Implicações para a pesca. **Estuarine, Coastal and Shelf Science. 49**: 689-701.

Blocher, J. C e Busta, F. F. 1983. Influência do sorbato de potássio e do pH reduzido no crescimento de células vegetativas de quatro estirpes de **Clostridium botulinum** tipo A e B. **J. Food Sci. 48**: 574.

Boateng, J. S. 2000. Análise de amostras comerciais de Aloé. Tese de doutoramento. Universidade de Strathclyde. Glasgow, Reino Unido.

Bonnell, A. D. 1994. Quality Assurance in Seafood Processing: A Practical Guide. Chapman and Hall, Londres: 74-75.

Botta, J. R.; Lauder, J. T. e Jewer, M. A. 1984. Effect of methodology on total volatile basic nitrogen (TVB-N) determination as an index of quality of fresh atlanticcod (**Gadus morhua**). **J. Food Sci. 49(3)**: 734 - 736.

Boudreau, M. D. e Beland, F. A. 2006. Uma avaliação das propriedades biológicas e toxicológicas de **Aloe barbadensis** (Miller), **Aloe vera. J. Environ. Sci. Health. C Environ. Carcinog. Ecotoxicol. Rev. 2(1)**: 103-154.

Bozzi, A.; Perrin, C.; Austin, S. e Arce Vera, F. 2006. Qualidade e autenticidade de pós comerciais de gel de aloé vera. **Food chem. 103(1)**: 22-30.

Bramstedt, F. A. L. 1961. Composição em aminoácidos do peixe fresco e influência da armazenagem e transformação. **In: Fish Nutrition,** E. Heen and Kreuzer (Ed.), p 6167. Fishing News Books Ltd., Londres.

Bremner, H. A. e Statham, J. A. 1983. Effect of potassium sorbate on refrigerated storage of vacuum packed scallops. **J. Food Sci. 48**: 1042-1047.

Brewer, M. S.; Mckeith, F.; Martin, S. E.; Dallmier, A. W. e Wu, S. Y. 1992. Alguns efeitos do lactato de sódio no prazo de validade, características sensoriais e físicas da mortadela de vaca embalada a vácuo. **J. Food Quality.15**: 369-382.

Buttkus, H. and Tomlinson, N. 1966. some aspects of post mortem changes in fish muscle, in **The Physiology and Biochemistry of Muscle as a food** (E. J. Briskey, R. G. Cassens and J. C. Trautman Ed.), pp. 197-203, Univ. of Wisconsin Press, USA.

Cann, D. L.; Smith, G. L. e Houston, N. G. 1983. Further studies on marine fish stored under modified atmosphere packaging. **Relatório técnico,** Torry Research Station, Aberdeen, U.K.

Cann, O. C. 1977. Bacteriologia do marisco com referência ao comércio internacional. **In:** Prod. Cant. Handl. Proc. Mark. Trop. Peixes. Instituto de Produtos Tropicais, 377394.

Capell, C.; Vaz-Pires, P. e Kirby, R. 1997. Utilização de contagens de bactérias produtoras de sulfureto de hidrogénio para estimar o tempo de conservação restante do peixe fresco. In Methods to determine the freshness of fish in research and industry. Actas da reunião final da ação concertada "evaluation of fish freshness" (pp. 175-182) AIR3CT94 2283, Nantes, 12-14 de novembro de 1997. Paris, França: Instituto Internacional de Refrigeração.

Castell , C. H.; Greenough, R.S. and Mac Farland, A. S. 1958.Grading fish for Quality. Valores de trimetilamina de filetes cortados de peixe classificado. **J. Fish. Res. Bd. can.15**: 701-716.

Castell, C. H.; Smith, B. e Neal, W. 1971. Produção de dimetilamina no músculo de várias espécies de peixes gadoides durante o armazenamento congelado, especialmente em relação à presença de músculo escuro. **J. Fish Res. Bd. Can. 28**:1.

Castillo, S.; Navarro, D.; Zapata, P. J.; Guillen, F.; Valero, D.; Serrano, M. e Martinez-Romero, D. 2010.

Eficácia antifúngica do **Aloe vera** in vitro e sua utilização como tratamento pré-colheita para manter a qualidade pós-colheita da uva de mesa. **Postharvest Biol. Tech. 57**:183-188.

Cete, A. S. F. e Yasar, A. 2005. Investigação dos efeitos antimicrobianos contra alguns microrganismos de **Aloe vera** e Nerium oleander e também exame dos efeitos sobre a atividade da xantina oxidase no tecido hepático tratado com ciclosporina. **G. U. Fen Bil. Derg. 18(3)**: 375-380.

Chauhan, O. P.; Raju, P. S.; Khanum, F. e Bawa, A. S. 2007. **Aloe vera** - Aplicações **terapêuticas** e alimentares. **Indústria Alimentar Indiana. 26(3)**: 43-51.

Chen, M. T.; Ockerman, H. W.; Canill, V. R.; Polimpton Jr., R. F. e Parrett, N. A. 1981. Solubilidade das proteínas musculares como resultado da auotólise e do crescimento microbiológico. **J. Food Sci. 46**: 1139-1143, 1158.

Chinivasagam, H. N. e Vidanapathirana, G. S. 1985. FAO Fisheries Report, **317(Suppl.): 221-229.**

Cho, S.; Endo, Y.; Fujimoto, K. e Kaneda, T. 1989. Oxidative deterioration of lipids in salted and dried sardines during storage at 5^0 C. **Nippon Suisan Gakkaishi. 55**: 541-544.

Choi, E. M. e Hwang, J. K. 2005. Triagem de plantas medicinais indonésias para a atividade inibidora da produção de óxido nítrico de células RAW264.7 e atividade antioxidante. **Fitoterapia. 76(2)**: 194-203.

Chung, Y. M. e Lee, J. S. 1981. Inibição do crescimento microbiano em linguado inglês **(Parophrys retulus). J. Food Protect.44**: 66

Clucas, I. J. e Ward, A. R. 1996. Post harvest fisheries development: **A Guide to Handling, Preservation Processing and Quality.** p. 84-128. Chatham Maritime, Kent, ME44TB.

Cobb, B. F. e Vanderzant, C. 1975. Desenvolvimento de um teste químico para a qualidade do camarão. **J. Food Sci. 40(1)**: 121-124.

Connell, J. J. 1980. Control of fish quality. Fishing News Books Ltd., Surrey, Londres, 177pp.

Connell, J. L. 1975. Controlo da qualidade das cinzas. Fishing News Books Ltd., Londres, 137pp.

Dabai, Y. U.; Muhammad, S. e Aliyu, B. S. 2007. Atividade antibacteriana da fração de antraquinona de Vitexdoniana. **Jornal** Paquistanês **de Ciências Biológicas.** pp. 1-3.

Dagne, E.; Bisrat, D.; Viljoen, A.; Van Wyk, B. E. 2000. Química das espécies de Aloe. **Curr. Org. Chem. 4**: 1055-1078.

Dalgaard, P. 2000. Marisco fresco e ligeiramente conservado. **In:** Man C. M. D. e Jones A. A. (Eds.), Shelf-life evaluation of foods (segunda ed.), Gaithersburg, MD, USA: Aspen Publishing Inc. pp. 110-139

Dalgaard, P.; Gram, L. e Huss, H. H. 1993. Deterioração e prazo de validade dos filetes de bacalhau embalados em vácuo ou em atmosferas modificadas. **Int. Journal of Food Microbiology. 19**: 283-294.

Dang, K. T.; Singh, Z. e Swinny, E. E. 2008. Os revestimentos comestíveis influenciam o amadurecimento, a qualidade e a biossíntese do aroma da manga. **J. Agri. Food Chem. 56**: 1361-1370.

Das, S.; Biswajit, M.; Kamaldeep, G.; Md. Saquib, A.; Abhay, K. S.; Mou, S.; Sujata, S.; Immaculata, X.; Krishna, D.; Tej, P. S. e Sharmistha, D. 2011. Isolamento e caraterização de novas proteínas com propriedades anti-fúngicas e anti-inflamatórias do gel de folhas de **Aloe vera. Jornal Internacional de Macromoléculas Biológicas. 48(1)**: 38-43.

Davis, H. K. 1995. Qualidade e deterioração do peixe cru. **Em Fish and Fishery products composition nutritive properties and stability** (Ruiter, A. Ed.), pp.215-242, **CAB International,** Walling Ford.

Debevere, J. M. e Voets, J. P. 1972. Influência de alguns conservantes na qualidade dos filetes de bacalhau pré-embalados em relação à permeabilidade ao oxigénio da película. **J. Appl. Bacteriol.** 35: 351-356.

Dingle, J. R. e Hines, J. A. 1971. Degradation of inosine 5'-monophosphate in the skeletal muscle of several North Atlantic Fishes. **J. Fish. Res. Bd. Canada.** 28: 1125-1131.

Disney, J. G.; Cameron, J. D.; Hoffman, A. e Jones, N. R. 1971. **In**: Fish Inspection and Quality Control.p.71 (Kreuzer, R., Ed.) Fishing News Books Ltd., Londres.

Doell, W. 1962. A ação antimicrobiana do sorbato de potássio. **Arch. Lebensmittelhyg.**13: 4.

Dureja, H.; Kaushik, D.; Kumar, N. e Sardana, S. 2005. **Aloe vera. The Indian Pharmacist.** 4(38): 9-13.

Edwin, C. I. 2008. Atividade Antimicrobiana do Gel de Folha de **Aloe barbadensis** Miller de Microbiologia. **Revista Internacional de Microbiologia.** 4(2).

Elliott, P. H.; Tomlins, R. I. e Gray, R. J. H. 1985. Controlo da deterioração microbiana em aves de capoeira frescas utilizando uma combinação de sorbato de potássio e um sistema de embalagem de dióxido de carbono. **J. Food Sci.** 50: 1360.

Emokpae, A.O. 1979. Avaliação organoléptica da qualidade do peixe fresco. Instituto Nigeriano de Oceanografia e Investigação Marinha (NIOMR) Occasional Paper, No.12, pp: 1-4.

Ergun, M. e Satici, F. 2012. Utilização de gel **de Aloe vera** como bio-conservante para maçãs '66: granny smith' e 'red chief'. O *Jornal de Ciências Animais e Vegetais.* 22(2): 363-368.

Erkan, N.; Ozden, O.; Alakavuk, D. U.; Yildirim, S. Y. e Lnugur, M. 2006. Deterioração e prazo de validade de sardinhas (*Sardina plichardus*) embaladas em atmosfera modificada. **J.** *European Food Research Tech*. 222: 667-673.

Eshun, K. e He, Q. 2004. *Aloe vera*: um ingrediente valioso para as indústrias alimentar, farmacêutica e cosmética - uma revisão. ***Crit. Rev. Food. Sci. Nut.*** 44(2): 91-96.

Fan, W.; Chi, Y. e Zhang, S. 2008. A utilização de um molho de polifenóis de chá para prolongar o prazo de validade da carpa prateada (*Hypophthalmicthys molitrix*) durante o armazenamento em gelo. *Food Chemistry.* 108: 148-153.

FAO, 1985. Fonte de energia renovável. Série de relatórios técnicos da FAO, n.º 8.

Farber, L. 1965. Teste de frescura **In:** Fish as food, Borgstrom, G (Ed.), New York. Academic Press. pp. 65-126.

Farnsworth, N. R. 1984. The Role of Medicinal Plants in Drug Development (O Papel das Plantas Medicinais no Desenvolvimento de Medicamentos). In: Krogsgaard-Larsen, P., Chistensen, S. B. e Kofod, H. (Eds.). Natural Products and Drug Development Munksgaard International Publishers Ltd., Copenhaga, Dinamarca. 17-30. Klein, A. D. e Penneys, N. S. 1988. **Aloe vera. J. Amer. Acad. Derm. 18**: 714-720.

Fernandez, K.; Aspe, E. e Roeckel, M. 2009. Extensão do prazo de validade de filetes de salmão do Atlântico (**Salmo salar**) utilizando aditivos naturais, super refrigeração e embalagem em atmosfera modificada. **J. *Food control*. 20**: 1036-1042.

Ferro, V. A.; Bradbury, F.; Cameron, P.; Shakir, E.; Rahman, S. R. e Stimson, W. H. 2003. Susceptibilidades in vitro de *Shigella flexneri* e *Streptococcus pyogenesto* Gel interno de *Aloe barbadensis* Miller. Anti-micróbios. *Agents Chemotherapy*. **47(3)**: 1137-1139.

Flores, S. C e Crawford, D. L. 1973. Alterações de qualidade post-mortem no camarão do Pacífico congelado (*Pandalus jordani*). *J. Food Sci*. **38(4)**: 575-579.

Fraser, O. P. e Sumar, S. 1998. Compositional changes and spoilage in fish (Part II)-microbiological induced deterioration. *Nutrition and Food Science*. **6**: 325-329.

Garcia-Sosa, K.; Villarreal-Alvarez, N.; Lubben, P. e Pena-Rodriguez, L. M. 2006. Chrysophanol, uma antraquinona antimicrobiana do extrato de raiz de *Colubrina greggii*. *J. Mex. Chem. Soc.* **50(2)**: 76-78.

Gilliland, S.E. e Evell, H.R. 1983. Influência de combinações de *Lactobacillus lactic* e sorbato de potássio no crescimento de psicrotróficos em leite cru. *J. Dairy Sci.* **66**: 25-27.

Gokodlu, N.; Ozden, O. e Erkan, N. 1998. Análise física, química e sensorial de sardinhas recém-colhidas (*Sardinella pilchardus*) armazenadas a 4^0 *C. J. Aquat. Food Prod. Technol.*7: 5-15.

Gonçalves, A. C.; Antas, S. E. e Nunes, M. L. 2007. Critérios de Frescura e Qualidade do Linguado Senegalês (*Solea senegalensis*). *Journal of Agriculture and Food Chemistry*. **55**: 345-346.

Gotoh, N. e Wada, S. 2006. A importância do índice de peróxidos na avaliação da qualidade e segurança dos alimentos. *J. Americane Oil Chem. Society*. **83**: 473-474.

Gotoh, N.; Watanabe, H.; Osato, R.; Inagaki, K.; Iwasawa, A. e Wada, S. 2006. Nova abordagem sobre a avaliação de risco de gorduras e óleos oxidados para perspectivas de segurança e qualidade alimentar. I. As gorduras e óleos oxidados induzem neurotoxicidade relacionada com o comportamento de pica e hipoatividade. *Food Chem. and Toxico*. **44**: 493-498.

Gould, E. e Peters, J. A. 1971. Testing the freshness of frozen fish. Fishing News Books Ltd., Londres, pp. 80.

Goun, E.; Cunningham, G.; Chu, D.; Nguyen, C. e Miles, D. 2003. Antibacterial and antifungal activity of Indonesian ethno medical plants. **Fitoterapia.** **74(6)**: 592-596.

Gram, L. 1992. Deterioração de três espécies de peixes senegaleses armazenados em gelo à temperatura ambiente. **In:** E. H. Bligh (ed.), pp. 225-233. Seafood Science and Technology. Fishing News Books, Blackwell, Oxford.

Gram, L.; Trolie, G. e Huss, H. H. 1987. Deteção de bactérias deteriorantes específicas de peixe armazenado a temperaturas baixas de $0°$ C e altas de $20°$ C. **Int. J. Food Microbiol.** **4**: 65-72.

Gram, Land Huss, H. H. 1996. Deterioração microbiológica de peixe e produtos de peixe. **Int. J. Food Microbial.** **33**: 121-137.

Greer, G. C. 1982. Mechanism of beef shelf life extension by sorbate. **J. Food Protect.** **45**: 82.

Grigorakis, K.; Taylor, K. D. A. e Alexis, M. N. 2003. Comparação entre compostos organolépticos e compostos aromáticos voláteis de dourada selvagem e cultivada: Diferenças sensoriais e possível base química. *Aquaculture*. *225:* 109- 119.

Gulia, A.; Sharma, H. K.; Sarkar, B. C.; Upadhyay, A. e Shitandi, A. 2009. Alterações nas propriedades físico-químicas e funcionais durante a secagem convectiva das folhas de aloé vera (*Aloe barbadensis*). *Food and Bioproducts Processing*. *88(2-3)*: 161-164.

Habeeb, F.; Shakir, E.; Bradbury, F.; Cameron, P.; Taravati, M.R.; Drummond, A.J.; Gray, A. I. e Ferro, V.A. 2007. Métodos de rastreio utilizados para determinar as propriedades antimicrobianas do gel interno de *Aloe vera*. *Methods*. *42*:315-320.

Hamman, J. H. 2008. Composição e aplicações do gel de folhas de *Aloe vera*. *Moléculas*. *13*: 1599-1616.

He, Q.; Changhong, L.; Kojo, E. e Tian, Z. 2005. Garantia de qualidade e segurança no processamento do sumo de gel de Aloé vera. *Controlo Alimentar*. *16*: 95-104.

Hebard, C. E.; Flick, G.J. e Martin, R. E. 1982. Occurrence and Significance of trimethlyamine oxide and its derivatives in fish and shell fish. Capítulo 12. Em Chemistry and Biochemistry of Marine Food Products, R. E. Martin, G. J. Flick, C.E. Hebard e D.R. Ward (ed), p.149. AWl Publishing Company, Westport, CT.

Heck, E.; Head, M.; Nowak, D.; Helm, P. e Baxter, C. 1981. Creme *de Aloé vera* (gel) como tratamento tópico para queimaduras em ambulatório. *Burns*. *7(4)*: 291-294.

Heggers, J. P.; Kucukcelibi, A.; Stabenou, C. J.; Ko, F.; Broemeling, L. D.; Robson, M.C. e Winters, W.D. 1995. Efeitos de cicatrização de feridas do gel de Aloe e outros agentes antibacterianos tópicos na pele de ratos. **Phytotherapy Res. 9**: 455-457.

Heggers, J.P.; Pineless, G.R. e Robson, M.C. 1979. Dermaide Aloe/Aloe **vera** gel: Comparação dos efeitos antimicrobianos. **J. Am. Med. Technol. 41**: 293-294.

Herbert, R.A.; Hendric, M. S.; Gibson, D. M. e Shewan, J. M. 1971. Bactérias activas na deterioração de certos produtos do mar. **J.Appl. Bacterial. 34 (11)**: 41-50.

Hirata, T. e Suga, T. 1977. Constituintes biologicamente activos de folhas e raízes de **Aloe arborescens** varnatalensis. **Z. Naturf. 32**: 7.

Ho, M.L.; Cheng, H. H. e Jiang, S. T. 1986. **Nippon Suisan Gakkaishi. 52**: 479.

Hobbs, G. 1991. O peixe: Deterioração microbiológica e segurança. **Food Sci. Teehnol. Today. 5(3)**: 166-173.

Howgate, P. 1985. Bibliography of storage lives of wet frozen fish. In storage lives of chilled and frozen fish and fish products. p. 389-402, **International Institute of Refrigeration**, Aberdeen, U. K.

Hu, Y.; Xu, J. e Hu, Q. 2003. Avaliação do potencial antioxidante dos extractos de **Aloe vera** (Aloe **barbadensis** Miller). **J. Agric. Food Chem. 51(26)**: 7788-7791.

Huhtanen, C. M. e Feinberg. J. 1980. Inibição do ácido sórbico em salsichas de aves de capoeira sem nitritos de **Clostridium** botulinumin. **J. Food Sci.45**: 453.

Huntsman, A.G. 1931. The processing and handling of frozen fish as exemplified by ice fillets. **Bioi. Board Can. Bull.** No. **20**.

Huss, H. H. 1972. Tempo de armazenamento de peixe húmido pré-embalado a 0^0 C. Solha e arinca a 0^0 C. **J. Food Teehnol. 7**: 13-19.

Huss, H. H. 1988. Fresh fish quality and quality changes, FAO Fisheries Series No. 29, Roma, 131 pp.

Ishida, Y.; Fuji, T e Kodata, H. 1976. Estudos microbiológicos sobre peixe salgado armazenado a baixa temperatura. In Alterações químicas do peixe salgado durante o armazenamento. **Bull. Japan Soc. Sci. Fish. 42**: 351-358.

Ivey, F. J.; Shaver, K. J.; Christiansen, L. N. e Tompkin, R.B. 1978. Efeito do sorbato de potássio na toxicogénese do bacon de **Clostridium** botulinumin. **J. Food Protect. 41**: 621.

Iyer, H. K. 1972. Método de avaliação sensorial da qualidade e aplicação de métodos estatísticos no problema da avaliação sensorial com especial referência ao produto da pesca. **Fish. Technol. 9(2)**: 104 - 108.

Jacobs, M.B. 1958. The chemical analysis of foods and food products, New York Krieger Publishing Co. Inc. 393-394pp.

James, D. G. 1976. Fish processing and marketing in the tropics, restrictions to development. In Proceedings of the conference on handling, processing and marketing of tropical fish, realizado em Londres, de 5 a 9 de julho de 1976. Londres, Tropical Product Institute, p. 299-302.

Jani, G. K.; Shah, D.P.; Jain, V.C.; Patel, M. J. e Vithalan, D.A. 2007. Avaliação da mucilagem de Aloe Barbadensis Miller como excipiente farmacêutico para comprimidos de matriz de libertação sustentada. **Pharm. Technol. 31**: 90-98.

Jendrusch, H. 1967. Controlo de qualidade do peixe congelado nas indústrias modernas de peixe. FAO Madrid, pp. 353-357.

Jones, N. R. 1961. Fish Flavours in **Proceedings Flavour Chemisty Symposium** - 1961, Campbell Soup Co, camden, NJ, pp.61-81.

Jones, N. R. 1969. Aromas de carne e peixe. Importância dos ribo-mononucleótidos e dos seus metabolitos. **J. Agr. Food chem.17**: 712-716.

Jorgensen, B. R. e Huss, H. H. 1989. Crescimento e atividade de **Shewanella putrefaciens** isolada de peixe estragado. **Int. J. Food Microbiol. 9**: 51-52.

Jorgensen, B. R.; Gibson, D. M. e Huss, H. H. 1988. Qualidade microbiológica e previsão do prazo de validade do peixe refrigerado. **Int. J. Food Microbiol. 6**: 295-307.

Joseph J. e Iyer T. S. G. 2006. Avaliação sensorial. **In**: Textbook of Fish processing technology. Gopakumar, K. (Ed). Conselho Indiano de Investigação Agrícola, Nova Deli, 445-466pp.

Joseph, B. e Raj, S.J. 2010. Propriedades farmacognósticas e fitoquímicas do Aloe veralinn - uma visão geral. **Revista Internacional de Revisão e Investigação em Ciências Farmacêuticas.4(2)**: 106-110.

Joseph, J.; Surendran, P. K. e Perigreen, P. A. 1988. Estudos sobre o armazenamento em gelo de rohu **(Labeo rohita)** cultivado. **Fish. Technol. 25**: 105-109.

Kaithwas, A.; Kumar, G.; Pandey, H.; Acharya, A. K.; Singh, M.; Bhatia, D. e Mukherjee, A. 2008. Investigação da atividade antimicrobiana comparativa do gel e sumo de **Aloe vera.Pharmacologyonline. 1**: 239-243.

Kassemsarn, B. O.; Perez, B. S; Murray, J. e Jones, N. R. 1963. Nucleotide degradation in the muscle of iced haddock **(Gadusa eglefinus),** lemon sole **(Pleuronectes microcephalus)** and plaice **(Pleuronectes platessa). J. Food Sci. 28**: 28-37.

Khurram, S.; Rauf, A.; Shaista, N.; Saeed, S. e Zafar, I. 2009. Atividade antimicrobiana comparativa do gel de aloé vera em microrganismos de importância para a saúde pública. **Pharmacologyonline. 1**: 416-

423.

Kilinc, B.; Cakli, S. e Kisla, D. 2003. Alterações de qualidade da sardinha (**Sardina pilchardus** W., 1792) durante o armazenamento congelado. **EU J. Fish. Aqua. Sci. 20(1-2)**: 139-146.

Kim, C. R. e Hearnsberger, J. O. 1994. Inibição de bactérias Gram-negativas por cultura de ácido lático e conservantes alimentares em filetes de peixe-gato durante o armazenamento refrigerado. **J. Food sci. 59**: 513-516.

Kim, C. R.; Hearnsberger, J. O.; Vickery, A. P.; White, C. H. e Marshal, D. L. 1995a. Prolongamento do prazo de validade de filetes de peixe-gato refrigerados utilizando acetato de sódio e fosfato monopotássico. **J. Food Pres. 58**: 644-647.

Kim, C. R.; Hearnsberger, J. O.; Vickery, A. P.; White, C. H. e Marshal, D. L. 1995b. Sodium acetate and Bifidobacteria increase shelf life of refrigerated catfish fillets. **J. Food sci. 60(1)**: 25-27.

Kim, H. S.; Kacew, S. e Lee, B.M. 1999. Efeitos quimiopreventivos **in vitro** de polissacáridos de plantas (**Aloe barbadensis** Miller, **Lentinusedodes, Ganoderm alucidum,** e **Coriolus vesicolor**). **Carcinogénese. 20(8)**: 1637-1640.

King, G. K.; Yates, K. M.; Greenlee, P. G.; Pierce, K. R.; Ford, C. R.; Mcanalley, B. H. e Tizard, I. R. 1995. The effect of Acemannan immune stimulant in combination with surgery and radiation therapy on Spontaneous canine and Feline fibro sarcomas. **J. Am. Anim. Hosp. Assoc. 31(5)**: 439-447.

Klein, A. D. e Neal, S. P. 1988. **Aloé vera. Jornal da Academia Americana de Dermatologia. 18(4)**: 714-720.

Kryzmien, M.E. e Elias, L. 1990. Estudo de viabilidade sobre a determinação da frescura do peixe através da análise do espaço da cabeça da trimetil amina. **J. Food Sci. 55**: 12281233.

Kuninaka, A.; Kibi, M. e Sakaguchi, K. 1964. História e desenvolvimento dos nucleótidos de sabor. **Food Teehnol. 18(3)**: 29-35.

Laham, M. e Levin, R. F. 1984. Isolamento, a partir de tecido de arinca, de bactérias psicrófilas com temperatura máxima de crescimento inferior a 20° C. **Appl. Environ. Microbiol. 48**: 439-440.

Lakshmanan, P. T. 2000. Deterioração do peixe e avaliação da qualidade. **In: Quality Assurance in seafood processing,** (Iyer, T. S. G., Kandoran, M. K., Mary Thomas and Mathew, P. T. Ed.), pp.26-40, Society of Fisheries Technologists (India), Cochin.

Lakshmanan, P. T.; Mathen, C.; Varma, P. R. G. e Iyer, T. S. G. 1984. Avaliação da qualidade do peixe desembarcado no porto de pesca de Cochin. **Fish Technol. 21(2)**: 98-105.

Lalitha, K. V.; Unnithan, G. R. e Surendran, P. K. 2003. Reduction in Microbial load of farmed freshwater Scampi (**Macrobrachium rosenborgil**) by application of permitted food conservatives. Em **Seafood Safety: Status and Strategies,** pp. 447-457. (P. K. Surendran, P. T. Mathew, Nirmala Thampuran, V.N. Nambiar, Jose Joseph, M. R. Boopendranath, P.T. Lakshmanan e P. G. V. Nair Ed.), Society of Fisheries Technologies (Índia).

Lang, K. 1983. Der fluchtige basenstickstoff (TVB-N) bei im binnenland in den verkehr gebrachten frischen seeficchen. 11. Mitteilung. Archiv fur Lebensmittelhygiene, **34**: 7-10.

Lannelongue, M.; Hanna, M. O.; Finne, G.; Nickelsen, R. e Vanderzant, C. 1982. Características de armazenamento de filetes de peixe (**Archosargus probatocephalus**) embalados em atmosferas gasosas modificadas contendo dióxido de carbono. **J. Food Protect. 45(5)**: 440-444.

Lawless, J. e Allan, J. 2000.The chemical composition of **Aloe vera**. In: **Aloe vera natural wonder cure**. Thorsons, Publishing Ltd., Londres, Reino Unido. 161-171.

Laycock, R. A. e Regier, L. W. 1971. Bactérias produtoras de trimetil amina em filetes de arinca (**Melanogrammus aeglefinus**) durante a armazenagem refrigerada. **J. Fish. Res. Bd. Can. 28(3)**: 305-309.

Lee, J. V.; Gibson, D. M. e Shewan, J. M. 1977. Um estudo taxonómico numérico de algumas bactérias marinhas do tipo **pseudomonas**. **J. Gen. Microbiol. 98**:439-451.

Lee, K. H.; Kang, H. G.; Cho, C. H.; Lee, M. J.; Lee, J. H.; Kim, C. H.; Lee, K. H.;Kang, H. G.; Cho, C. H.; Lee, M. J.; Lee, J.H. e Kim, C.H. 2000. Actividades antimutagénicas e antileucémicas de **Aloe vera** L. **Natural Product Sci. 6(2)**:56-60.

Lee, K.Y.; Weintraub, S.T. e Yu, B.P. 2000. Isolamento e identificação de um antioxidante fenólico de **Aloe barbadensis**. **Radicais livres Biol. Medicine. 28(2)**:261-265.

Liewan, M. B. e Marth, E. H. 1985. Crescimento e inibição de microrganismos na presença de ácido sórbico. **J. Food Protect. 48**: 364.

Lima, dos. S. C. A. M. 1981. O armazenamento de peixes tropicais em gelo - uma revisão. **Trop. Sci. 23(2)**: 97-127.

Lindgren, S. E. e Dobrogosz, W. J. 1989. Antagonistic activities of lactic acid bacteria in food and feed fermentations", **FEMS Microbiol. Rev. 87**: 149.

Lorenzetti, L. J.; Salisbury, R.; Beal, J.L. e Baldwin, J.N. 1964. Propriedade bacteriostática de **Aloe vera**. **J. Pharm. Sci. 53**: 1287-1290.

Lundstrom, R.C. e Racicot, L. O. 1983. Gas chromatographic determination of dimethylamine and trimethylamine in seafoods. **J. Assoc. Off. Anal. Chem.**1158.

Maenthalsong, R.; Chalyakunapruk, N. e Niruntrapon, S. 2007. A Eficiência do aloé vera para queimaduras e cicatrização de feridas, uma revisão sistemática. **Burns.33**:713- 718.

Magnusson, H. e Martinsdottir, E. 1995. Qualidade de armazenamento de peixe fresco e congelado-descongelado em gelo. **J. Food Sci. Tech. 60**: 273-278.

Mammen, T. A. 1966. Utilização da refrigeração na conservação do peixe. **Bull. 13(2)**: 16-36.

Manjunatha, A.; Reddy, E. K.; Reddy, D. A. e Bhandary, M. H. 2012. Adequação da carne picada de bacalhau do recife (**Epinephelus diacanthus**) para a preparação de produtos prontos a servir. **Investigação científica aplicada avançada. 3(3)**: 1513-1517.

Martinez, M. J.; Badell, J.B. e Gonzalez, N.A. 1996. Ausencia de actividad antimicrobiana de unextracto acuosoliofilizado de **Aloe vera** (sabila). **Rev. Cubana. Plant. Med. 1(3)**: 18-26.

Martinez-Romero, D.; Alburquerqu, N.; Valverde, J. M.; Guillen, F.; Castillo, S.; Valero, D. e Serrano, M. 2006. Manutenção da qualidade e segurança pós-colheita da cereja doce através do tratamento com Aloe vera: um novo revestimento comestível. **Postharvest Biol. Pós-colheita Biol. 39**: 93-100.

Maruf, H. M.; Adhikary, R. K.; Begum, M.; Md Rakeb-Ul, I. e Akter, T. 2102. Composição aproximada de hilsha (**Tenualosa ilisha**) em condições laboratoriais. **Bangladesh J. Prog. Sci. & Tech. 10(1)**: 057-060.

Masniyom, P.; Soottawat, B. e Visessanguan, W. 2005 Efeito combinado do fosfato e da atmosfera modificada na qualidade e no prolongamento do prazo de validade das fatias de robalo refrigeradas. **J. Food Sci. and Tech. 38**: 745-756.

Matches, J. R. 1982. Microbial changes in packages, in **Proceedings First National Conference on Seafood Packaging and Shipping** pp 46-70. (Ed. R.E. Martin), San Antonis, The National Fisheries Institute, Washington DC.

Mathew, G. 2003. Poleiros. **In:** Mohan Joseph M e Jayaprakash, A.A. (Eds.) Status of exploited marine Fishery Resources of India. CMFRI. Kochi-India, pp.102-109

Matu, E. N. e Staden, J. V. 2003. Actividades antibacterianas e anti-inflamatórias de algumas plantas utilizadas para fins medicinais no Quénia. **Journal of Ethnopharmacology. 87(1)**: 35-41.

Mazumder, M. S. A.; Rahman, M. M.; Ahmed, A. T. A.; Begum, M. e Hossain, M. A. 2008. Composição Proximal de Algumas Pequenas Espécies de Peixes Indígenas (SIS) no Bangladesh. **Jornal de Int. Sustain. Crop Prod. 3(4)**: 18-23.

Meekin, T. A.; Hulse, L. e Bremner, H. A. 1982. Associação de deterioração de filetes de cabeça chata de areia **(Platycephalus bassensis)** embalados a vácuo. **Food Technol. Australia. 34(6)**: 278-282.

Mendes, R. e Goncalvez, A. 2008. Efeito da estabilização com CO2 solúvel e do acondicionamento em vácuo no tempo de conservação de filetes de dourada e robalo de viveiro. **J. Food** *Sci. and Tech.* **43**: 1678-1687.

Mendonça, A. F.; Molins, R. A.; Kraft, A. A. e Walker, H. W. 1989. Efeito do sorbato de potássio, acetato de sódio e cloreto de sódio isoladamente ou em combinação no prazo de validade de costeletas de porco embaladas a vácuo. **J. Food Sci.54**: 303306.

Middlebrooks, B. L.; Toom, P. M.; Doughlas, W. L.; Harrison, R. I. e Mcdowell, S. 1988. Effect of storage time and temperature on the microfiora and amine development in spanish Mackerel **(Scomberomorus maculates). J. Food Sci.53**: 1024 - 1029.

Miladi, S. e Damak, M. 2008. Actividades Antioxidantes In Vitro de Extractos de Pele de Folha de Aloé Vera. **J. Soc. Chim. Tunisie.10**: 101-109.

Miller, S.A. e Brown, W.O. 1983. Eficácia da clorotetraciclidina em combinação com sorbato de potássio ou tetra etileno diaminotetra acetato de sódio para a conservação de filetes de peixe-pedra embalados no vácuo. **J. Foodsci, 49**: 188-193.

Minar, M. H.; Adhikary, R. K.; Ms Mohajira, B.; Md Rakeb-Ul, I. e Akter, T. 2012. Composição aproximada de hilsha **(Tenualosa ilisha)** em condições de laboratório. **Bangladesh J. Prog. Sci. & Tech.10(1)**: 057-060.

Moniharapon, P. S.; Soekarto, S. T. e Nitibaskoro. 1993. **Parinariumgl aberimum** HASSK como conservante de camarão fresco. *Fisheries Processing Journal.56:* 1-9.

Morrison, G.J. e Fleet, G.H. 1985. Reduction of *Salmonella* on chilled carcasses by immersion treatments (Redução de *Salmonella* em carcaças refrigeradas por tratamentos de imersão). *J. Food Protect.***48**:

374.

Mossel D. A. A. 1982. Microbiology of foods, 3rd Edn. Universidade de Utrecht, Países Baixos. 188pp.

Myers, B. R.; Edmonson, J. E.; Anderson, M. E. e Marshall, R. T. 1983. Sorbato de potássio e recuperação de *pectinolyticpsy chrotrophs* de carne de porco embalada a vácuo. *J.Food Protect.*46: 499.

Nabi, R. M. e Hossain, M. A. 1989. Variação sazonal da composição química e do teor calórico de *Macrognathus acuelatus* (Bloch) das águas de Chalan Beel. *J. Asiatic Society of Bangladesh.* **16(1)**: 61-66.

Narsih, Sri Kumalaningsih, Wignyanto, Susinggih Wijana.2012. Identificação de Aloína e Saponina e Composição Química de Constituintes Voláteis da Casca de *Aloe vera* (L.). *J. Agric. Food. Tech.* **2(5)**: 79-84.

Ni, Y. e Tizard, I.R. 2004. Metodologia analítica: a análise em gel da polpa de aloé e seus derivados. Em Aloes The Genus Aloe; Reynolds, T., Ed.; CRC Press: Boca Raton. pp. 111-126.

Ni, Y.; Turner, D.; Yates, K. M. e Tizard, I. 2004.Isolamento e caraterização dos componentes estruturais da polpa da folha de Aloe vera L. *Int. Immuno pharmacol.* **4**: 1745-1755.

Nowsad, A. K. M. A. 2007. Formação participativa de formadores: A New Approach Applied In the fish processing. Bangladesh Fisheries Research Forum, 213p.

Nowsad, A. K. M. A. 2010. Post-harvest Loss Reduction in Fisheries in Bangladesh: A way forward to Food Security. Relatório final. Projeto NFPCSP-FAO, PR#5/08. Organização das Nações Unidas para a Alimentação e a Agricultura, Dhaka.162 pp.

Ocano-Higuera, V. M.; Marquez-Rios, E.; Canizales-Davila, M.; Castillo-Yanez, F. J.; Pacheco-Aguilar, R.; Lugo-Sanchez, M. E.; Garda-Orozco, K. D. e Graciano-Verdugo, A. Z. 2009. Alterações post-mortem no músculo do peixe cazón armazenado em gelo. **Food Chemistry. 116**: 933-938.

Okonta, A.A. e Ekelemu, J. K. 2005. A prelimnary study of micro-organisms associated with fish spoilage in Asaba, Southern Nigeria. Actas da 20ª Conferência Anual da Sociedade das Pescas da Nigéria (FISON), Port Harcourt, 14-18 de novembro, pp. 557-560: 557-560.

Ozogul, F.; Go "kbulut, C.; Ozyurt, G.; **Ozog'ul, Y. e Dural, M. 2005.** Avaliação da **qualidade** do robalo selvagem eviscerado (**Dicentrarchus labrax**) armazenado em gelo, película aderente e folha de alumínio. **Investigação e Tecnologia Alimentar Europeia. 220**: 292-298.

Ozogul, F.; Polat, A. e O "zogul, Y. 2004. The effects of modified atmosphere packaging and vacuum packaging on chemical, sensory and microbiological changes of sardines *(Sardinapilchardus)*. *Food Chemistry.* **85**: 49-57.

Ozogul, Y. 2010. Métodos para a qualidade da frescura e deterioração. Em Nollet, L. M. L. e Toldra, F. (Eds). Seafood and seafood products analysis. pp. 189-241. Boca Raton: CRC Press. Grupo Taylor & Franciss.

Ozogul, Y.; Ozogul, F. e Gokbulut, C. 2006. Avaliação da qualidade da enguia europeia selvagem *(Anguilla anguilla)* armazenada em gelo. *Food Chemistry.95:* 458-465.

Ozogul, Y.; Ozogul, F.; Kuley, E.; Ozkutuk, A. S.; Gokbulut, C. e Kose, S. 2006. Atributos bioquímicos, sensoriais e microbiológicos do pregado selvagem (*Scophthalmus maximus*), do Mar Negro, durante a armazenagem refrigerada. *Food Chem.* **99**: 752-758.

Pacheco-Aguilar, R.; Lugo-Sanchez, M. E. e Robles-Burgueno, M. R. 2000. Características bioquímicas e funcionais post-mortem do músculo da sardinha de Monterey armazenado a 0^0 C. *Journal of Food Science*. **65**: 40-47.

Paine, F. A. e Paine, H. Y. 1992. *A handbook of Food Packaging.* p. 205-230, Blackie Academic & Professional, Londres.

Paramasivam, S.; Thangaradjou, T. e Kannan, L. 2007. Effect of natural conservatives on the growth of histamine producing bacteria. *Jornal de Biologia Ambiental.* **28(2)**: 271-274.

Park, H.S e Marth, E.H. 1972. Inativação de **Salmonella tryphinurium** pelo ácido sórbico. **J. Milk Food Technol.35**: 532.

Park, M. K.; Park, J. H.; Kim, N. Y.; Shin, Y. G.; Choi, Y. S.; Lee, J. G.; Kim, K. H. e Lee, S. K. 1998. Análise de 13 compostos fenólicos em espécies de Aloe por cromatografia líquida de alta eficiência. **Phytochemical Analysis**. **9(4)**: 186-191.

Park, Y. I. e Jo, T.H. 2006. Perspetiva de aplicação industrial de **Aloe vera.** In: Park, Y.I. e Lee, S.K. (Eds.). **New perspectives on Aloe.** Springer Verlag, Nova Iorque, EUA. pp: 191-200. ISBN-0387317996.

Patthamakanokporn, O.; Puwastien, P.; Nitithamyong, A. e Sirichakwal, P. P. 2008. Alterações da atividade antioxidante e dos compostos fenólicos totais durante o armazenamento de frutos seleccionados.**Journal of Food Composition and Analysis. 21(3)**: 241248.

Pearson, D. 1970 Avaliação da frescura da carne no controlo de qualidade através de técnicas químicas. **J. sci. Food Agri. 19**: 357-363.

Pedrosa-Menabrito, A. e Regenstein, J. M. 1988. Extensão do prazo de validade do peixe fresco - uma revisão. Parte I - Deterioração do peixe. **J. Food Quality.11**: 117-127.

Pierson, M. D.; Smoot, L.A; e Stern, N. J. 1979. Efeito do sorbato de potássio no crescimento de **Staphylococcus aureus** em bacon. **J.Food Protect,** 42: 302.

Poulter, R. G.; Curran, C. A.; Rowlands, B. e Disney, J. G. 1985. Comparação da bioquímica e bacteriologia de peixes de águas tropicais e temperadas durante a conservação e processamento. **In: Tecnologia de colheita e pós-colheita de peixe.** Sociedade de Tecnólogos da Pesca (Índia) Cochin. 744pp. (pp. 407413).

Prasad, M. M. e Gunda, S. S. 2007. Redução da carga bacteriana holofílica no sal solar através da morte ao sol. **J. Aquatic Food Product Tech. 16(3)**: 43-53.

Pugh, N.; Ross, S. A.; Elsohly, M. A. e Pasco, D. S. 2001.Characterisation of Aloeride, a new high molecular weight polysaccharide from **Aloe vera** with potent immunostimulatory activity. **J. Agric. Food Chem. 49**: 1030-1034.

Quaranta, H. O. e Curzio, O. A. 1983. Utilização do teste do azoto volátil na determinação da frescura e do prazo de validade da pescada irradiada **(Merluccius hubbl). Food Sci. Technol. 16(2)**: 108-109.

Raatikainen, O.; Reinikainen, V.; Minkkinen, P.; Ritvanen, T. e Muje, P. 2005. Modelação multivariada do índice de frescura do peixe com base em medições de espetrometria de mobilidade de iões. *Analytica Chimica Ata.* **544**: 128- 134.

Raju, C. V.; Shamasundar, B. A. & Udupa, K. S. 2003. A utilização de nisina como conservante em salsichas de peixe armazenadas a temperaturas ambiente (28±2⁰ C) e refrigeradas (6±2⁰ C). *International Journal of Food Science and Technology* .**38**: 171-185.

Reay, G. A. e Shewan J. M. 1949. The spoilage of fish and its preservation by chilling. **Advances in food research. 2:** 343-398.

Reddy, N. R.; Armstrong, D.J.; Rhodehamel, E. J. e Kautter, D. A. 1992. Extensão do prazo de validade e preocupações com a segurança dos produtos da pesca frescos embalados em atmosferas modificadas: uma revisão. **J. Food Safety. 12:** 87-118.

Reddy, N. R.; Villanueva, M. e Kautter, D. A. 1995. Shelf life of Modified Atmosphere Packaged Fresh Tilapia Fillets stored under refrigeration and temperature abuse conditions. **J. Food Protect. 58(8):** 908-914.

Regenstein, J. M. 1982. O prolongamento do prazo de validade da arinca em atmosferas de carbondioxido-oxigénio com e sem sorbato de potássio. **J. FoodQuality.5:** 285300.

Reynolds, T. e Dweck, A.C. 1999.**Aloe vera** leaf gel: a review update. **J. Ethnopharmacol. 68(1-3):**3-37.

Robach, M. C. 1980. Utilização de conservantes para o controlo de microrganismos nos alimentos. **Food Technol. 34:**8I.

Robach, M. C. e Hickey, C. S. 1978. Inibição de **Vibrio parahaemolyticus** por ácido sórbico em homogenatos de carne de caranguejo e solha. **J. Food Protect.41:** 699.

Robach, M. C. e Ivey, F. J. 1978. Eficácia antimicrobiana da imersão em sorbato de potássio em aves de capoeira recentemente transformadas. **J. Food Protect.41:** 284.

Robach, M. C. e Sofos, J. N. 1982. Utilização de sorbatos em produtos de carne, aves de capoeira frescas e produtos de aves de capoeira: A review, **J. Food Protect.45:**374.

Roberts, T. A.; Gibson, A. M. e Robinson, A. 1982. Factores que controlam o crescimento de **Clostridium botulinum** tipos A e B em carnes curadas pasteurizadas. **J. Food Technol.17:** 267.

Robson, M. C.; Heggers, J.P. e Hagstrom, W.J. 1982. Mito, magia, bruxaria ou facto **Aloe vera** revisitado. **J. Burn Care Rehab. 3(3):**157-163.

Rodriguez, O.; Barros-Velazquez, **J.; Ojea, C.; Pinneiro, C. e Aubourg, S. P. 2003.** Avaliação das alterações sensoriais e microbiológicas e identificação de bactérias proteolíticas durante a conservação em gelo do pregado de viveiro (**Psetta maxima**). **Journal of Food Science. 68:** 2764-2771.

Rodriguez, O.; Barros-Velazquez, J.; Pineiro, C.; Gallardo, J. M. e Aubourg, P. 2006. Efeitos da armazenagem em gelo líquido na qualidade microbiana, química e sensorial e no prazo de validade do pregado de viveiro (**P. maxima**). **Food Chemistry. 95:** 270-278.

Rodriguez, D. J.; Hernandez-Castillo, D.; Rodriguez-Garcia, R. e Angulo-Sanchez, J. L. 2005. Atividade antifúngica in vitro da polpa de Aloe vera e da fração líquida contra fungos patogénicos de plantas. **Industrial Crops and Products. 21:** 81-87.

Rosca-Casian, O.; Parvu, M.; Vlase, L. e Tamas M. 2007. Atividade antifúngica das folhas de Aloe vera. **Fitoteropia. 78:** 219-222.

Rowe, T.D. e Parks, L.M. 1941. Estudo fitoquímico da folha de **Aloe vera. J. Amer. Pharm. Assoc. 30:**262-

266.

Ryder, J. M.; Buisson, D. H.; Scott, D. N. e Fletcher, G. C. 1984. Armazenamento do carapau da Nova Zelândia **(Trachurus novaezelanddiae)** em gelo: avaliação química, microbiológica e sensorial. **J. Food Sci.49**:1453-1456.

Ryder, J. M.; Fletcher, G. C.; Stee, M. C. e Seeley, R. J. 1993. Sensory, microbiological and chemical changes in hake stored in ice. **Int. J. Food. Sci. Tech. 20**: 169-180.

Saha, K. C. e Guha, B. C. 1939. Nutritional Investigation of Bengal Fish, Índia, pp. 921-927.

Saks, Y. e Barkai-Golan, R. 1995. Atividade do gel **de Aloe vera** contra fungos patogénicos de plantas. **Postharvest Biology and Technology. 6:** 159 - 165.

Sengupta, P.; Mondal, A. e Mitra, S. N. 1972. Separação e estimativa quantitativa de dimetilamina e trimetilamina em peixes por cromatografia em papel. **J. Inst. Chem. India. 44**:49-50.

Serdaroglu, M. e Deniz, E. E. 2001. Bahklarda ve bazu su urunlerinde trimetilamin ve dimentilamin olusumunu etkileyen faktorlor, **EU su Urunleri Dergisi (em turco). 18**: 575-581.

Serrano, M.; Valverde, J. M.; Guillen, F.; Castillo, S.; Martinez-Roero, D. e Valero,D.2006. A utilização de um revestimento de gel de Aloé vera preserva as propriedades funcionais das uvas de mesa. **J. Agr. Food Chem. 54(11)**: 3882-3886.

Seward, R. A. 1982. Eficácia do sorbato de potássio e de outros conservantes na prevenção da toxicogénese por **Clostridium** botulinumin em peixe fresco embalado em atmosfera modificada. Dissertação de doutoramento, Universidade de Wisconsin, Madison.

Shalini, R.; Indra, J.; Shanmugam, S. A. e Ramkumar, K. 2000. Acetato de sódio e embalagem a vácuo para melhorar o prazo de validade dos filetes refrigerados de **Lethrinus lentjan**. **Fish. Technol. 37(1)**: 8-14.

Shamim, S.; Ahmed, S. W. e Azhar, I. 2004. Atividade antifúngica de espécies de Allium, Aloe e Solanum. **Pharm. Biol. J. 42(7)**: 491- 498.

Sharp, W. F.; Norback, Jr. J. P. e Stuibor, D. A. 1986. Utilização de uma nova medida para definir o prazo de validade do peixe branco fresco. **J. Food Sci. 51(4)**: 936-939.

Shaw, B. G. e Shewan, J. M. 1968. Psychrophilic spoilage bacteria of fish. **J. Appl. Bacteriol. 31**:89-96.

Shaw, S. J.; Bligh, E. G. e Woyewoda, A. D. 1983. Effect of potassium sorbate application on shelf life of Atlantic cod **(Gadus morhua). Can. Inst. Food Sci. Technol. 16(4)**: 237.

Shewan, J. M. 1965. The microbiology of seawater fish. Em **Ash as Food,** Vol. I Borgstrom G. (Ed.), pp. 487-560. Academic Press, Nova Iorque.

Shewan, J. M. 1971. The Microbiology of fish and fishery products, Progress report, 1. **Appl. Bacteriol. 34**: 299 - 315.

Shewan, J. M. 1977. The bacteriology of fresh and spoiling fish and the biochemical changes induced by bacterial action, in **Conference Proceedings; Handling, Processing and Marketing of Tropical Fish,** pp. 51-56, Tropical Products Institute, London.

Shewan, J. M.; Macintash, G.; Trucker, C. G. e Shreberg, A. S. C. 1953. O desenvolvimento de um sistema de pontuação numérica para a avaliação sensorial da deterioração de peixe branco húmido armazenado em gelo. **J. Food Sci. Agr. 4**: 283 - 297.

Siang, N. C. e Tsukuda, N. 1989. Testes laboratoriais e equipamento para avaliação da qualidade do peixe refrigerado e congelado. **Lnfo fish International.** pp. 24 - 27.

Singh, B.; Yadav, R.; Singh, H.; Singh, H. e Punia, A. 2010. Estudos sobre o efeito das condições de Pcr-rapd para análise molecular em plantas medicinais de espargos (Satawari) e aloé vera". *Jornal Australiano de Ciências Básicas e Aplicadas.* **4(12)**: 6570-6574.

Sirois, M. E.; Slabyl, B. M.; True, R. H. e Martin, R. E. 1991. Effect of vacuum packaging on changes associated with frozen cod fillets. *J. Muscle Food.* **2(3)**: 197-208.

Smith, J. G. M.; Hardy, R. S.; McDonald, I. e Temhleton, J. 1980. The storage of herring (*Clupea harengus*) in ice, refrigerated sea water and at ambient temperature, Chemical and sensory assessment. *J. Sci. Food and Agri.* **31**: 375-385.

Smith, J. L. e Palumbo, S. A. 1980. Inibição do crescimento aeróbio e anaeróbio de *Staphyloccus aureus* num sistema modelo de salsichas. *J. Food Safety.* **4**: 221.

Smith, T. e Smith, H. 1851. On aloin: the cathartic principles of *aloes. Monthly J. Medical Sci.* **12**:127-131.

Snedecor G. W. e Cochran W. G. 1967. Statistical Methods, Iowa State University Press, Iowa, U.S.A. 1-435pp.

Soeda, M.; Otomo, M.; Ome, M. e Kawashima, K. 1966. Estudos sobre a atividade antibacteriana e antifúngica do *Aloé* do Cabo *Nippon Saikingaku Zasshi.* **21(10)**: 609614.

Sofos, J. N. e Busta, F. F. 1981. Atividade antimicrobiana do sorbato. *J. Food Protect.* **44**: 614.

Sofos, J. N.; Busta, F. F e Alien, C. E. 1979. Controlo de **Clostridium botulinum** por nitrito de sódio e ácido sórbico em várias formulações de carne e proteína de soja. **J. Food Sci. 44**: 1662.

Spreekens, V. K. J. A. 1974. A adequação da modificação do meio Long and Hammers para a numeração de bactérias mais exigentes de produtos da pesca frescos. **Arc.Lebens. Hyg. 25**: 213-1219.

Stenhouse, J. 1851. Sobre a aloína, o princípio catártico cristalino dos **Barbadoesaloes. Phil. Mag. 37**: 481.

Supardjo, 2010. O efeito da saponina no gado e na vida humana. Faculdade de Zootecnia. Universidade de Jambi.

Suree N.; Kanittha K.; Jiraporn P.; Jutatip J.; Saranya W.; Sarissa P. e Anusa W. 2012 Actividades antimicrobianas e antioxidantes de extractos de frutos locais tailandeses: aplicação de um extrato de fruto selecionado, **phyllanthus emblica** linn. como conservante natural em carne de porco crua moída durante o armazenamento refrigerado. **O Jornal Online de Ciência e Tecnologia. 2:1.**

Surendran, P. K. e Gopakumar, K. 1991. **Microbiology of cultured fishes in Aquaculture productivity,** [Sinha, V. R. P. and Srivastava, H. C. (Ed.)], p.737 - 743. Oxford & IBH publicity Co. Pvt. Ltd., Bombaim.

Swastawati, F.; Milatina, A. e Susanto, E. 2008. Utilização de fumo líquido para reduzir o número de colónias de micróbios da Tilápia do Nilo a baixa temperatura. **In:** Indonesian Inland water Bureau (Eds). Procedimentos da Conferência Internacional sobre Águas Interiores da Indonésia. Palembang.

Takagi T.; Hayashi K. e Itabashi Y. 1984. Efeito tóxico do ácido gordo insaturado livre no ensaio em ratos da toxina diarlúrica de peixe de concha por injeção intraperitonal. **Bull. Jap. Soc. Sci. Fish, 50(8)**:

1413-1418.

Tarr, H. L. A. 1939. A redução bacteriana do óxido de trimetilamina a trimetilamina. **J. Ash. Res. Bd Can. 4**: 367-377.

Tejada, M. e Huidobro, A. 2002. Qualidade da dourada de cultura (**Sparus aurata**) durante a armazenagem em gelo relacionada com o método de abate e a evisceração. *Tecnologia Europeia de Investigação Alimentar*. **215**: 1-7.

Teskeredzic, Z. e Pfeifer, K. 1987. Determinação do grau de frescura da truta arco-íris (*Salmo gairdneri*) cultivada em água salobra. *J. Food. Sci.* **52**: 11011102.

Thakur, B. R. e Patel, T. R. 1994. Sorbatos em peixe e produtos de peixe. A review. *Food Res. Int.* **10**: 93-107.

Thiruppathi, S.; Ramasubramanian, V.; Sivakumar, T. e Thirumalai, A. V. 2010. Atividade antimicrobiana de *Aloe vera* (L.) Burm. f. contra microorganismos patogénicos. *J. Bio sci. Res.* **1(4)**:251-258.

Tomlinson, N.; Geiger, S. E. e Dollinger, E. 1965. Chalkiness in halibut in relation to muscle pH and protein denaturation. **J. Fish. Res. Bd Can. 22**: 653-663.

Tompkin, R. B.; Christiansen, L. N.; shaparis, A. B. e Bolin, H. 1974. Effect of potassium sorbate on **Salmonella, Staphylococcus aureus, Clostridium penfringens** and **Clostridium botulinum** in cooked uncured sausage. **App. Microbiol. 28**: 262.

Tri Winarni, A.; Eko, S.; Ismail, M. A. e Mohammad Shafiur, R. 2012. Efeito do aloé vera (**Aloe vera**) e do fruto da coroa de deus (**Phaleria macrocarpa**) nos atributos sensoriais, químicos e microbiológicos da cavala indiana (**Rastrelliger neglectus**) durante o armazenamento no gelo. **International Food Research Journal. 19(1)**: 119-125.

Tzikas, Z.; Amvrosiadis, I.; Soultos, N. e Georgakis, Sp. 2007. Variação sazonal da composição química e do estado microbiológico do músculo do carapau **mediterrânico (Trachurus mediterraneus)** do Mar Egeu do Norte (Grécia). *Food Control,* **18**: 251-257.

Uchiyama, H.; Suzuki, T.; Ehira, S. e Noguchi, E. 1966. Estudos sobre a relação entre a frescura e as alterações bioquímicas do músculo do peixe durante a armazenagem no gelo. *Bull. Jap. Soc. Sci. Fish.* **32(3)**: 280-283.

Urch, D. 1999. *Aloe vera thB plant.Ik Aloe vera natuac'k gift.* Black Down pubications,risto, UK.8-17.

Valverde, J. M.; Valero, D.; Martinez-Romero, D.; Guillen, F.; Castillo, S. e Serrano, M. A. 2005. Novo revestimento comestível à base de gel de Aloe vera para manter a qualidade e a segurança das uvas de mesa. *J. Agr. Food Chem.* **53(20)**: 78077813.

Van Wyk, B. E.; Oudtshoom, M. C. B. e Smith, G.F. 1995. Geographical variation in the major compounds of *Aloe feroxexudates*. *Planta Med.* **61**:250-253.

Varma, P. R. G.; Mathen, C. e Thomas, F. 1983. Alterações de qualidade e shelflife de Pearlspot, Mullet e Tilapia durante o armazenamento à temperatura ambiente e em gelo. *J. Food Sci. Technol.* **20**: 219-222.

Vinson, J. A.; Al Kharrat, H. e Andreoli, L. 2005.Effect of *Aloe vera* preparations on the human bioavailability of vitamins C and E. *Phytomedicine*.**12**: 760765.

Vogler, B. K. e Ernst, E. 1999. *Aloé vera*: uma revisão sistemática da sua eficácia clínica. *Br. J. Gen. Pract.* **49**:823-828.

Ward, D. R.; Butler, P. F.; Hopson D. J. e Daniels, J. A. 1982. Shelf life extension of fresh finfish and scallops with potassium sorbate as a function of concentration and method of application, Paper presented at 42nd Annual Meeting, Inst. of Food Technologists, 22-25 June 1982, Las Vegas.

Whittle, K.; Hardy, R. e Hobbs, G. 1990. Peixe refrigerado e produtos da pesca. In: Gormley T. (ed.): Chilled Foods. The State of the Art. Elsevier, Nova Iorque: 87-116.

Woskow, M. H. 1969. Seletividade na modificação do sabor por 5'-ribonucleótidos. **Food Technol. 23(11)**: 32-37

Woyewoda, A. D. e Bligh, E.G. 1986. Effect of phosphate blends on stability of cod fillets in frozen storage. **J. Food Sci. 51**: 932-935.

Yamaguchi, S. 1987. Fundamental properties of umami in human taste sensation, in **Umami: a basic taste** (eds Y. Kawamura e M.R. Kare), pp. 41-73, Marcel Dekker Inc.

Yesim Ozogul; Esmeray Kuley Boga; Bahar Tokur e Fatih Ozogul. 2011. Alterações nos índices de qualidade bioquímica, sensorial e microbiológica do linguado comum (**Solea solea**) do mar Mediterrâneo, durante o armazenamento em gelo. **Turkish J. Fish. and Aqua. Sci. 11**: 243-251.

Zambuchini, B.; Fiorini, D.; Verdenelli, M. C.; Orpianesi, C. e Ballini, R. 2008. Inibição da atividade microbiológica durante a armazenagem refrigerada de linguado (**Solea solea** L.) através da aplicação de ácidos elágico e ascórbico. **Lebensmittel-Wissenschaft and Technologie/Food Science and Technology. 41**: 1733-1738.

Zhuang, R. Y.; Huang, Y. W. e Beuchat, L. R. 1996. Alterações de qualidade durante o armazenamento refrigerado de filetes de camarão e peixe-gato embalados tratados com acetato de sódio, lactato de sódio ou galato de propilo. **J. Food Sci., 64**: 241-244.

More
Books!

info@omniscriptum.com
www.omniscriptum.com
OMNIScriptum

Printed by Books on Demand GmbH, Norderstedt / Germany